홈 네트워크 시스템 실습

신경철 · 박태열 · 김민정 공저

光文閣
www.kwangmoonkag.co.kr

시작하기에 앞서……

인터넷과 PC의 발달로 인하여, 집에 PC를 2대 이상 사용하는 경우가 발생하였다.

또한 PC가 1대라도 인터넷에 접속하는 장치가 PC가 아닌 다른 장치들(PDA, 웹패드, IPTV 셋탑박스, IP캠, 독립형 인터넷 라디오 등)이 나타나게 되었다. 즉, 집안에도 LAN(Local Area Network)이 필요한 시대가 된 것이다. 이러한 집안의 LAN을 홈네트워크라고 통칭해서 부르고 있으며, 홈네트워크와 인터넷을 연동시켜주는 장치를 홈게이트웨이라고 부른다.

현재 많은 홈네트워크 관련 산업들이 발전하고 있지만 대부분의 경우 표준화 등의 문제로 한정적인 시장(예 : 신축 아파트 단지)에만 공급이 되고 있는 것이 현실이다. 이것은 국가적인 차원에서 지원을 하더라도 대중화가 되려면 시간이 반드시 필요하다. 하지만 네트워크 기능이 있는 미디어 서버와 그 서버에 있는 미디어를 재생할 수 있는 미디어 플레이어는 단독 기능 혹은 복합 기능(저장/재생/녹화/스트리밍/변환/방송수신 등)을 가지고 좀 더 대중적이고 빠르게 시장에 나타날 것으로 보인다.

그 이유는 이러한 장치들은 이미 많은 표준화가 되어 있으며 유선랜(이더넷)이나 무선랜(Wifi) 및 고속전력선 네트워크(PLC)를 통하여 매우 저렴한 가격으로 다양한 미디어를 즐길 수 있는 환경이 이미 마련되어 있기 때문이다.

본 교재에서는 홈네트워크 산업의 발전에 발맞춰 홈게이트웨이 혹은 홈서버라 불리는 미디어 서버를 사용하여 기존의 통화나 영상은 물론 홈오토메이션을 체험하고, 홈네트워크 구축 기반을 학습하며 HTML과 Javascript를 사용하여 직접 프로그램을 작성하여 볼 것이다.

본 교재의 내용은 다음과 같다.

1장에서는 홈서버 비디오폰에 대한 간단한 설명으로 미디어 서버 기술을 이해한다.

2장과 3장에서는 홈서버 구축을 위한 프로그램에 대해 학습하며 필요한 프로그램들을 설치하고 실습한다.

4장에서는 홈서버와 디바이스 간의 연결을 학습할 것이며, 5장에서는 홈서버 비디오폰을 직접 프로그램하며 실행시켜볼 것이다.

6장에서는 이동 단말기를 통한 모바일 제어 프로그램을 학습한다.

부록은 홈서버 비디오폰 실습을 위한 TCP/IP 프로토콜을 첨부하였다.

저자 씀

제1장 홈서버 비디오폰

1-1 홈서버 비디오폰

1) 홈게이트웨이

인터넷과 PC의 발달로 인하여, 집에 PC를 2대이상 사용하는 경우가 발생하였다.

또 PC가 1대라도 인터넷에 접속하는 장치가 PC가 아닌 다른 장치들(PDA, 웹패드, IPTV셋탑박스, IP캠, 독립형 인터넷 라디오 등)이 나타나게 되었다. 즉 집안에도 LAN(Local Area Network)이 필요한 시대가 된 것이다. 이러한 집안의 LAN을 홈네트워크라고 통칭해서 부르고 있으며, 홈네트워크와 인터넷을 연동 시켜주는 장치를 홈게이트웨이라고 부른다.

점차 모든 매체에서 홈네트워크에 대한 언급이 많아짐에 따라 어떤 경우는 홈서버나 IPTV 셋탑 박스 등과 의미를 복합하여 사용하기 때문에 이글을 통하여 홈게이트웨이에 대한 정의를 확실히 하고 홈네트워크에 대한 개념 또한 재정립이 가능할 것이다.

2) 홈서버 비디오폰

현재 홈게이트웨이와 혼용되는 말 중 가장중복이 심한 명칭이 홈서버이다. 실제로 홈오토메이션을 70~80년대부터 아나로그 방식과 인터넷이 없는 단순 전화제어등으로 구현해 온 많은 전자엔지니어들의 입장으로 보아서는 홈게이트웨이는 인터넷과 기존 홈오토메이션을 연결해주는 이더넷LAN단자 하나 (mediabridge)로 보는 경우도 있다. 그래서 다양한 기능을 하는것은 홈서버로 지칭하며 이러한 홈서버는 신축아파트단지의 경우 집집마다 있는 것이 아닌 단지서버가 역활을 하는 것이다라고 주장하는 경우도 있다. 하지만 이것은 어디까지 특수한 예 일뿐 범용적이라 주장할 수 없다. 특히 요사이 거의 모든 서버는 IDC에 설치하는 것이 상식으로 통하고 있는 네트워크 환경을 감안하면 단지서버라는 단어는 이미 구시대적인 발상이 아닌가 싶다. 게다가 웜바이러스 및 각종 스파이웨어로 문제가 많은 현 인터넷환경을 관문이 없는 하나의 네트워크로 연결한다면 마치 대문을 활짝 열어 놓고 도둑을 맞지 않길 바라는 것과 다를바가 없다. 즉 보안의 목적을 위해서도인터넷연결과 홈네트워크사이에는 홈게이트웨이가 관문역활을 반드시 해야한다.

이러한 측면으로 볼때 초고속인터넷 회선과 제일먼저 만나는 장치는 방화벽기능을 가진 "홈게이트웨이" 라고 표현하는 것이 가장 바르다고 판단된다.

하지만 홈서버를 storage 즉 데이타나 미디어(사진/음악/동영상)의 저장소 역활로서 홈서버라고 부른다면 그것은 바른 표현이라고 할 수도 있겠지만, 데이타를 보관하기 보다는 주로 미디어를 보관하는 경우가 대부분이므로 미디어서버라는 표현이 올바르다 할 수 있겠다. 이러한 미디어서버의 종류는 네트워크기능이 있는 PMP/PVR/DVR/DMA(Digital

Media Adapter)/Dvix Player/IPTV(IP셋탑박스)등 다양하게 있을 수 있겠다.

1-2 홈서버 비디오폰 기능

1-2-1 주요 기능

1) Internet 기능

- Multimedia Playback Application
- Remote Download 기능

2) 주요 핵심 기능

MPEG4 Hardware Accelerator(356 X 288 at 30fps) 및 Full Duplex Encoder/Decoder를 내장하고 MPEG-4(ISO/IEC 14496-2), H.263, Motion JPEG/JPEG 등의 Hardware /Software Format을 이용한 다자간 화상 통화 구현과 이러한 MPEG 기반 기술을 통한 Wireless 801.11a/b/g Hand Held 단말로 방문자 영상 확인 및 Device Monitoring/Control 기능을 포함하고 있다.

현재 가정 내 부상하고 있는 새집 증후군 같은 환경 관련한 부분에 대한 문제를 온도 / 습도 / CO2 / Dust / TVOC (휘발 유기화합물, 포름알데히드, 벤젠..) Sensor를 이용하여 감지/알림 기능을 포함하고 그에 따른 2차 환경 System 연동(환기시스템, 난방/냉방 시스템, 공기 청정기, 전동창 등 2차 연동 디바이스 구동) 기능을 시행한다.

각종 프로토콜을 하나로 통합하여 관리 가능한 OSGi (Open Services Gateway Initiative) Framework 기반, JAVA 기술 적용하고 있다.

3) 통화 / 영상 기능

- 세대간 음성/화상 통화
- 주소록에 의한 단축 다이얼 기능
- 내선통화/국선통화(1회선)/Lobby Phone/경비실 Phone 음성, 영상 통화 기능
- 방문자 음성/영상 통화 확인/저장 기능(Door Phone/Lobby Phone), 방문자 영상 저장
- Wireless 801.11a/b/g (Spare) 통신을 이용한 방문자 영상 확인 및 통합 원격 제어 리모컨 기능
- 경비실과의 연동
  * 공지 사항 (전체 세대)

* 택배, 등기, 예비군 훈련 통지 등 개인적 보안상 중요 정보 통신 (특정 세대)
* 외부 차량 신고 기능 : 방문자 차량 통보 기능 (특정 세대)

4) Home Automation 기능

- 비상/가스/방범/화재 감지 표시 기능
- CCTV 연동/ Monitoring (놀이터, 엘리베이터 등)
- ZigBee(2.4GHz 대역, Spare)/Wireless 801.11a/b/g (Spare)을 이용한 통합 리모컨 구현
- 비상/구급 발생시 표시 기능 (경비실 호출 및 사용자 지정의 경비 업체 호출 기능)
- 공동 현관 방문자 확인 및 문 열림 Control (문 열림은 공동 현관 Phone에서 DO Point로 Control)
- Mode 제어 : 외출, 재실, 취침, 기상

5) 환경 설정 기능

- IP 관련 설정 기능 : IP, 전화 번호 목록
- 화면 잠금/보호기
- 화상 통화용 카메라, H/A 환경 설정
- 모닝콜 설정
- 비밀 번호/모드 설정

6) 외장 Button Switch / Function LED

- 외장 Button Switch : 비상 / 해제 / 외출 / 문 열림 / 경비실 / 통화
- Function LED : 전원 / 비상 / 가스 / 화재 / 방범
- 화상 Touch KeyPads
- 제품 전원 ON/OFF 스위치
- USB 1 Port

1-2-2 통신방식에 의한 구분

Part	회로 구성	Device	비고
DI Point	5 Port	◈ Magnetic Door 출입 Sensor (방법 1) ◈ 재실 Sensor (방법 2) ◈ 비상콜 Switch ◈ 화재 감지기 ◈ 적외선 감지기	
DO Point	3 Port	◈ Door Lock 문 열림	통신 방식이 RF 또는 접점 방식
무선 방식		◈ 무선 통신을 이용한 통합 리모컨	- 2.4GHz 대역 ZigBee Module (Spare) - 2.4GHz 대역 Wireless (Spare)
USB 1.1	1 Port		
PSTN Interface		◈ 국선 통화 기능	
Ethernet 10/100	2 Port	◈ 사설망 연동	

PLC 방식		◆ 난방 Controller ◆ 조명 스위치 ◆ 원격 검침량계 (전기/가스/수도/열량/누적 검침량) ◆ 정보 가전 : 보일러,에어컨,공기청정기,세탁기,냉장고,오븐 등 ◆ 가스 Controller (가스 Sensor, 가스 밸브 포함) ◆ 전동 커튼/블라인드 ◆ 환경센서 ◆ 헬스케어 ◆ 환기 시스템 ◆ 감성 조명 시스템	Lonworks(S-Cube), Zbus(LnCP) 등
RS485 방식	5 Port	◆ 조명 스위치 ◆ 주방 TV Phone ◆ 난방 Controller ◆ 욕실 Phone ◆ 블라인드 ◆ Home Auto 주장치 통신 ◆ 원격 검침량계 (전기/가스/수도/열량/누적 검침량) ◆ 가스 Controller (가스 Sensor, 가스 밸브 포함)	

1-2-3 사용 환경

- 전원 : 110~220V(±20%) / 50~60 Hz
- 온도 : 동작 실내 온도 0℃~40℃ / 보관 실내 온도-20℃~70℃
- 습도 : 동작 습도 15%~80% / 보관 습도 : 10%~90%

1-2-4 인증 규격

- 무선 기기 형식 등록 (2.4GHz 대역 ZigBee)
- 형식 승인
  - 전기 용품 안전 인증
  - 전자파 적합 등록
  - 유선 통신 기기 형식 승인 (PSTN)

1-2-5 단위세대 홈네트워크 기본 구성안

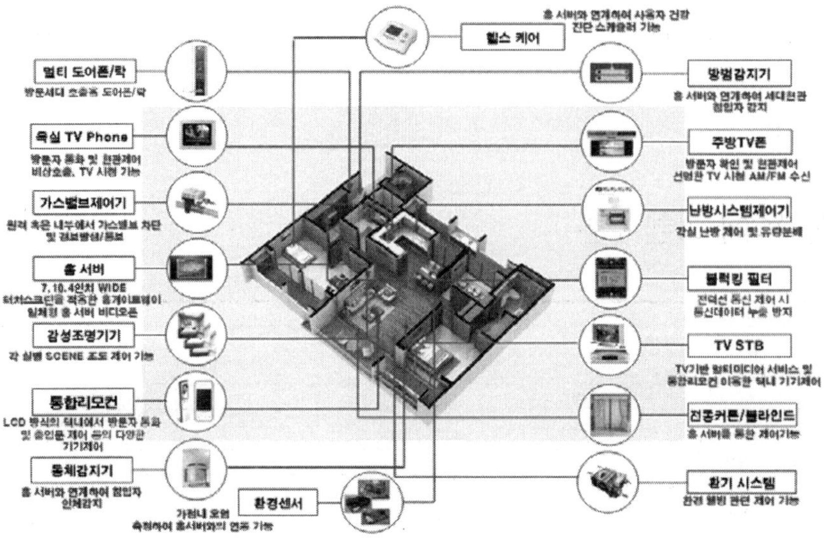

1-3 홈서버 비디오폰 하드웨어

1) 제품 구성도

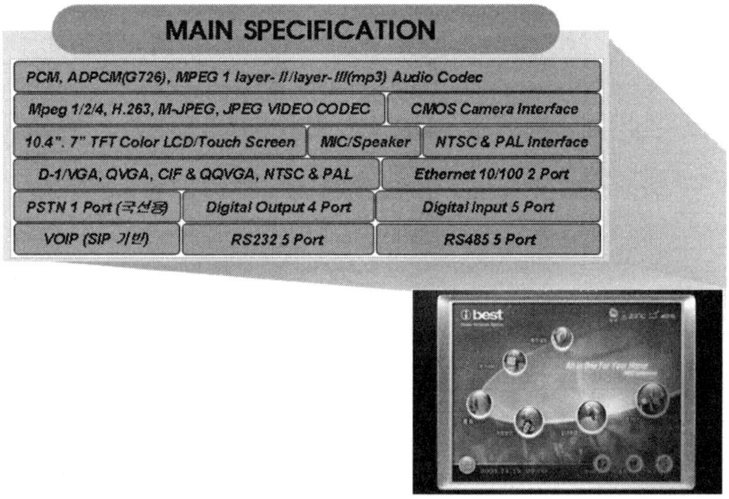

2) 세부 하드웨어 사양

Microprocessor		S3C2440	Samsung 32 bit RISC ARM920T Core Application Microprocessor	
		ATmega64	8bit Microcontroller (Home Auto Control Part)	
System Memory	SDRAM (총 32MB X 4)	K4S561632E-TC75	4Banks X 4M X 16bit Synchronous DRAM	System Data
	SDRAM (총 16MB)	HY57V283220T	4Banks X 1M X 32bit Synchronous DRAM	MPEG 4 Codec System Data
	NAND Flash (128MB)	K9K1G08U0M	128M X 8bit NAND Flash Memory	MAX 512MB 확장 가능
LCD Interface	10.4", 7" TFT Color LCD		With Backlight & Touch Screen	
Communication Part	RS232C (최대 5 Port)	MAX3232CSE	RS232 Transceiver	• Debug Port • Zigbee/RF Interface • Power Line Interface • Home Auto Micom Interface
	RS485 (최대 6 Port)	DS75176B LTC485	Multipoint RS-485/RS422 Transceivers	• H/A 주장치 통신 • 주방 TV Phone • 욕실 Phone • GAS Controller • 조명 스위치 • 환경 센서 Unit • 원격 검침 • 난방 시스템 • 전동커튼/블라인드 • 헬스케어 시스템 • 환기 시스템 • 감성조명 시스템
	UART IC	ST16C554	Quad UART with 16-Byte FIFO's	
	Ethernet MAC-PHY Controller	LAN9118 X 2	10/100 Non-PCI Ethernet Single Chip	LAN
	Digital Input/Digital Ouput			• Digital Input : 5 Port • Digital Output : 4 Port
	PSTN 1Ch.	AG2120	PSTN Interface Module	
	ZigBee Module		2.4GHz 대역 무선 Module Interface	통합 리모콘 구현 목적
	Power Line Communication		PLC Module Interface	Option 사항
Video	MPEG 4 CODEC	AT2042	2-Channel MPEG-4 CODEC	Option 사항 (화상 통화 /방문자 영상 전송 목적)
	Video Decoder	TW9903	NTSC/PAL/SECAM 9bit Video Decoder	
	Video Encoder	SAA7121H	Digital Video Encoder	
	Video Decoder	TVP5150A	NTSC/PAL/SECAM Video Decoder With Robust Sync Detector	
Audio	Echo Canceller	MSM7731	Dual Echo Canceler & Noise Canceler with Dual Codec	
	AC'97 Audio CODEC	UDA1341TS	VIA AC97 Stereo Codec & Mono Speaker Headphone & Microphone Jack	
Camera	Glue-less Interface to CMOS Digital Sensor Camera Interface			Option 사항 (화상 통화 목적)
Operating System	Embedded Linux			
System Power	12Vdc/1A, 5Vdc/3A SMPS (Digital System Power), 220Vac/60Hz for Power Line Communication			

3) 세부 하드웨어 사양

기본 Hardware 구성	
LCD 관련	◆ 10.4" SVGA, 7" Wide-VGA TFT LCD
	◆ Touch Screen
	◆ CCFL Back Light Inverter
Board 구성	◆ Main Controller / Memory / MPEG / Ethernet Controller Board Part
	◆ Home Auto Control / Echo Canceller / PSTN Board Part
	◆ Terminal Connected Board Part
	◆ CMOS Camera, Functional LED Board Part
	◆ Functional Switch Board Part
	◆ Slide ON/OFF DC Power Board Part
	◆ USB Board Part
Speaker/MIC	◆ Two 8Ω/2W Stereo Speaker Output
	◆ -40±3dB(0dB=1V/Pa at 1KHz) Sensitivity Condenser Microphone
SMPS	◆ 12Vdc/1A, 5Vdc/3A SMPS (Digital System Power), ◆ 220Vac/60Hz for Power Line Communication
그 외	◆ Glue-less Interface to 1/4 CMOS Digital Sensor Camera Interface(화상통화용) ◆ 2 dBI Gain, 83.5MHz Bandwidth Dipole Antenna

통신 관련 구성	
RS232C (총 4 Port)	◆ Main Debug ◆ H/A CPU Interface ◆ PLC Interface ◆ Main CPU Interface & H/A Debug
RS485 (총 5 Port)	◆ H/A 주장치 통신 ◆ 주방 TV Phone ◆ 욕실 Phone ◆ 가스 컨트롤러 시스템 ◆ 조명 제어 ◆ 환경 센서 Unit ◆ 원격 검침 ◆ 난방 시스템 ◆ 전동커튼/블라인드 ◆ 헬스케어 시스템 ◆ 환기 시스템 ◆ 감성조명 시스템
TTL Level	◆ 2.4GHz ZigBee Interface
Power Line Communication - 5.4kbps Bit Rate - 7Vp-p Comm Output Level	◆ 가스 컨트롤러 시스템 ◆ 조명 제어 ◆ 난방 시스템 ◆ 정보가전 ◆ 원격검침
2.4 GHz ZigBee	◆ 조명 제어 ◆ 가스 컨트롤러 시스템 ◆ 출입문 Doorlock ◆ 통합 리모컨
Ethernet Interface (2 Port)	◆ IEEE 802.3 10BASE-T & 802.3u 100BASE-TX
PSTN Interface	◆ Fully Featured PSTN Interface
Digital Input (5 Port)	◆ 재실 감지 센서 ◆ 화재 감지 센서 ◆ 적외선 감지 센서 ◆ 출입 감지 Magnetic 센서 ◆ 가스 감지 센서 ◆ 비상 콜 스위치
Digital Output (4 Port)	◆ 출입문 Doorlock ◆ 전동 커튼 ◆ 가스 밸브

1-4 홈서버 비디오폰 UI 구성 및 기능 설명

1) 메인화면

초기 메인 화면에서 다른 메인화면으로 전환되는 상위 메인 화면이다.

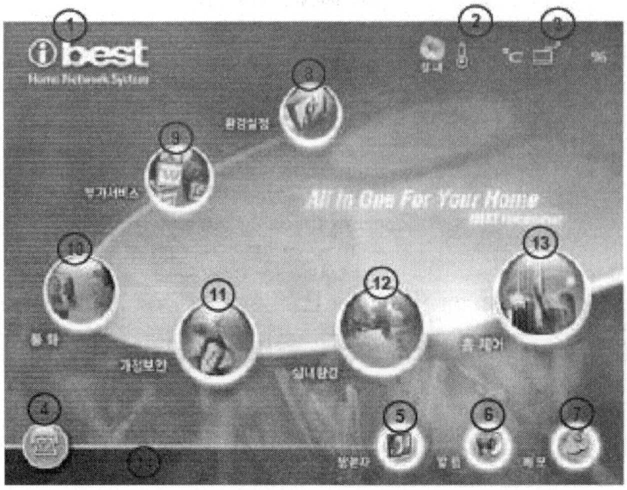

①
② A/S Call : A/S 센터로 자동 전화걸기 기능을 수행합니다.
③ 온도표시 : 난방 장비로부터 실내온도를 표시합니다.
④ 습도표시 : 습도 측정 장비로부터 실내 습도를 표시합니다.
⑤ 전화 : 일반 전화 화면으로 전환하는 버튼입니다.
⑥ 방문자확인 : 방문자확인화면으로화면을전환하는버튼입니다.
⑦ 알림(공지사항) : 알림(공지사항) 화면으로 전환하는 버튼입니다.
⑧ 음성/영상메모 : 음성/영상 메모화면으로 전환하는 버튼입니다.
⑨ 환경설정 : 환경 설정 메인화면으로 전환하는 버튼입니다.
부가서비스 : 부가서비스메인화면으로전환하는버튼입니다.
⑩ 통화 : 통화(세대현관/공동현관/경비실/전화) 메인화면으로 전환하는 버튼입니다.
⑪ 가정 보안 : 가정 보안메인화면으로 전환하는 버튼입니다.
⑫ 실내 환경 : 실내 환경메인화면으로 전환하는 버튼입니다.
⑬ 홈 제어 : 홈 제어메인화면으로 전환하는 버튼입니다.
⑭ 현재날짜/시간 : 현재 날짜와 시간을 표시하는 부분입니다.

2) 홈제어 화면

초기 메인화면에서 전환된 홈제어 메인화면으로 출입문, 조명, 가스, 커튼, 전동창, 정보가전, 엘리베이터, 감성조명 연동으로 전환되는 화면이다.

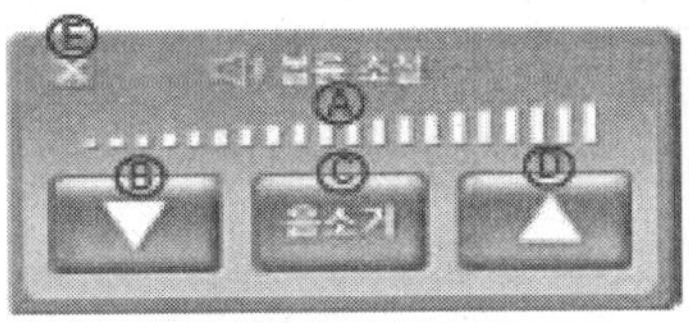

볼륨 조절 Pop-Up 화면

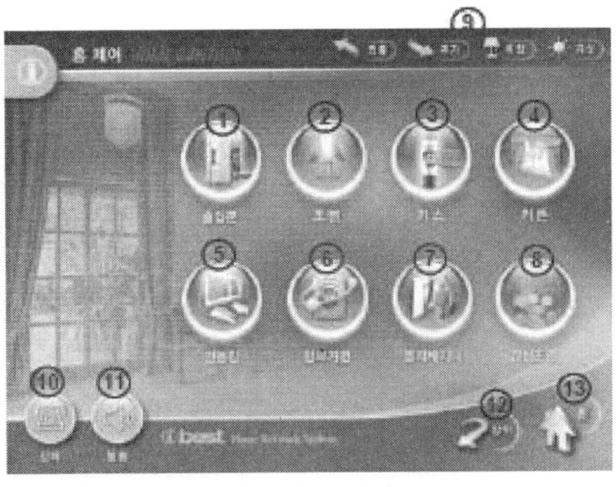

① 출입문제어: 세대 현관 출입문 화면으로 전환하는 버튼입니다.
② 조명제어: 조명 화면으로 전환하는 버튼입니다.
③ 가스제어: 가스 화면으로 전환하는 버튼입니다.
④ 커튼제어: 커튼 화면으로 전환하는 버튼입니다.

⑤ 전동창제어: 전동창 화면으로 전환하는 버튼입니다.
⑥ 정보가전제어: 정보가전 메인화면으로 전환하는 버튼입니다.
⑦ 엘리베이터제어: 엘리베이터 화면으로 전환하는 버튼입니다.
⑧ 감성조명제어: 감성조명 화면으로 전환하는 버튼입니다.
⑨ 모드제어: 해당모드(외출/귀가/취침/기상)를 설정하는 버튼입니다..
⑩ 전화: 일반전화 화면으로 전환하는 버튼입니다.
⑪ 볼륨제어: 볼륨제어 화면으로 전환하는 버튼입니다. 선택시 좌측 이미지와 같이 Pop-Up 창이 나타납니다. (A~E 참조)
⑫ 상위화면전환: 상위 화면으로 전환하는 버튼입니다.
⑬ 메인화면전환: 메인 화면으로 전환하는 버튼입니다. 98231101145671213이미지기능설명BDACE

A. 현재볼륨상태(이미지) : 현재 볼륨 상태를 이미지로 Display 되는 부분입니다.
B. 볼륨낮춤버튼 : 볼륨값을 낮추는 버튼입니다.
C. 볼륨올림버튼 : 볼륨값을 높이는 버튼입니다.
D. 음소거버튼 : 음소거 기능을 수행하는 버튼입니다.
E. 창닫음버튼 : 볼륨조절 Pop-Up 화면을 닫는 버튼입니다.

3) 통화 화면

초기 메인 화면에서 전환된 통화 메인화면으로 세대현관/공동현관/경비실/일반전화통화 화면으로 전환되는 화면이다.

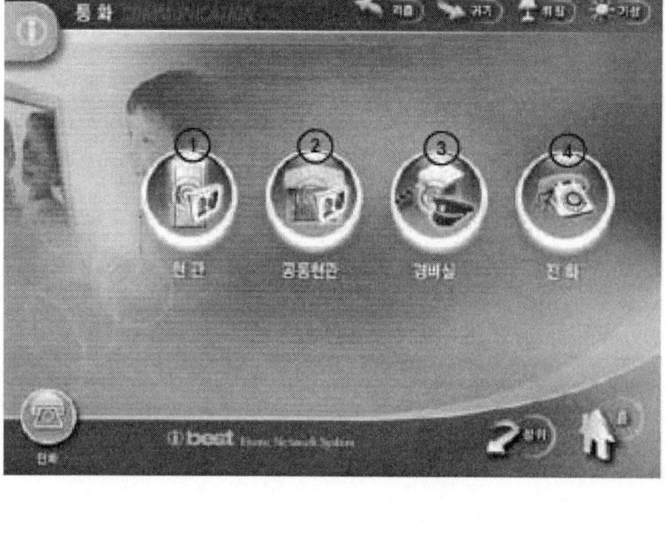

① 현관통화 : 세대 현관 통화 화면으로 전환하는 버튼입니다.
② 공동현관통화 : 단지내 통화 화면으로 전환하는 버튼입니다.
③ 경비실통화 : 경비실 통화 화면으로 전환하는 버튼입니다.
④ 일반전화통화 : 일반전화 통화 화면으로 전환하는 버튼입니다.

4) 방문자 확인 화면

초기 메인화면에서 전환된 방문자 확인 메인화면으로 저장된 방문자영상 SteelCut을 확인 할수 있는 화면 Cut을 확인 할수 있는 화면이다.

이 기능은 외출모드로 설정된 해당 입주자의 세대에 현관도어폰/공동현관로비폰을 통해 방문자가 방문시, 방문자 Steel Cut 사진이 홈서버에 저장되고, 이를 귀가후 확인 할수 있는 기능입니다.

① 방문자상태(영상): 선택된 방문자 영상을 Display 하는 부분입니다.
② 방문자이미지선택(이전) : 현재 선택된 이미지의 이전 이미지를 선택하는 버튼입니다.
③ 방문자이미지선택(이후) : 현재 선택된 이미지의 다음 이미지를 선택하는 버튼입니다.
④ 삭제 : 선택된 이미지를 삭제하는 버튼입니다.
⑤ 방문시간확인 : 선택된 이미지가 저장된 시간을 표시하는 부분입니다. 즉, 방문자가 호출한 시간 을 의미 합니다.

5) 출입문 연동 화면

홈제어 메인화면에서 전환된 출입문 화면으로 디지털 도어락을 제어하고 출입문 Magnetic 방범 Sensor를 모니터링 하는 화면으로, 출입문의 개폐 상태를 알수 있다. 출입문이 닫힐때는 디지털 도어락은 자동으로 잠금 상태로 된다.

문 열림 상태 화면

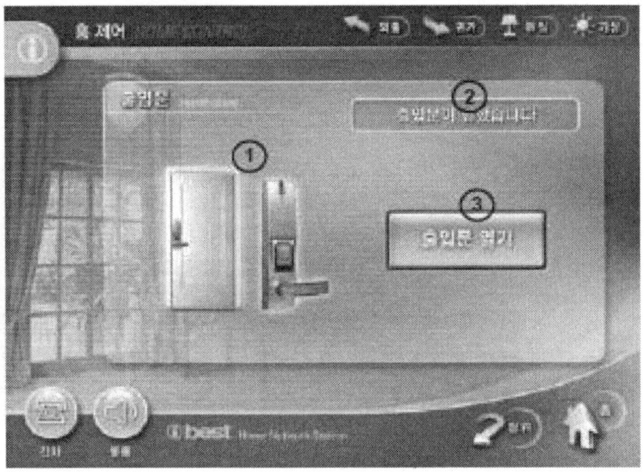

① 출입문개폐상태(이미지) : 출입문의 상태를 이미지로 Display 하는 부분입니다 .출입문의 닫힘을 알려주는 이미지이며 출입문이 열려 있을 경우, 좌측 이미지와 같이 열림 이미지로 변경됩니다.

② 출입문개폐상태(Text) : 출입문의 상태를 Text로 Display 하는 부분입니다.

③ 출입문열기버튼 : 디지털 도어락의 잠금상태를 풀어 주는 출입문 열기 버튼입니다.

6) 조명 연동 화면

홈제어 메인화면에서 전환된 조명화면으로 거실과 주방, 방, 발코니 등 홈서버와 연동으로 설치된 조명의 상태를 모니터링 및 제어하는 화면으로, 전체를 켜거나 끄는 기능도 수행 가능하다.

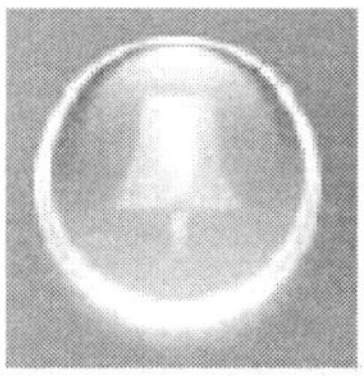

조명 켜짐 연동 화면

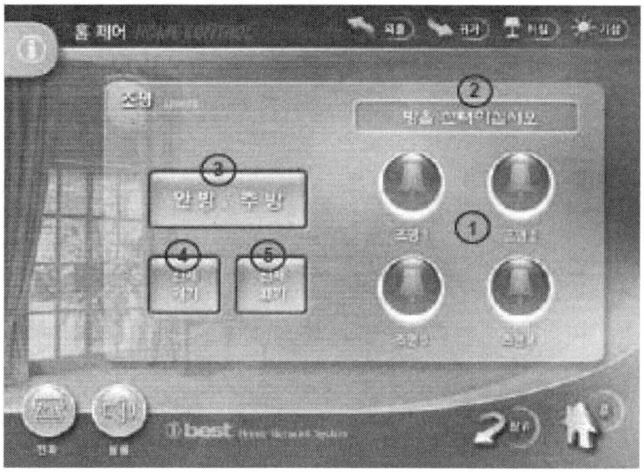

① 조명상태(이미지) : 조명의 상태를 이미지로 Display 하는 부분입니다 .조명이 꺼져있는 상태를 알려주는 이미지이며 켜져 있을 경우, 좌측 이미지와 같이 켜져있는 이미지로 변경됩니다.

② 조명상태(Text) : 조명의 상태를 Text로 Display 하는 부분입니다

③ 조명선택 : 홈서버와 연동 가능한 조명이 설치된 위치를 선택하는 버튼입니다.

④ 전체켜기버튼 : 설치된 조명 중 홈네트워크 연동이 가능한 조명 전체를 켜는 버튼입니다.

⑤ 전체끄기버튼 : 설치된 조명 중 홈네트워크 연동이 가능한 조명 전체를 끄는 버튼입니다.

6) 가스 연동 화면

홈제어 메인화면에서 전환된 가스화면으로 홈서버와 연동으로 설치된 가스밸브의 현재 상태를 모니터링하고 제어하는 화면입니다.

가스밸브 열림 연동 화면

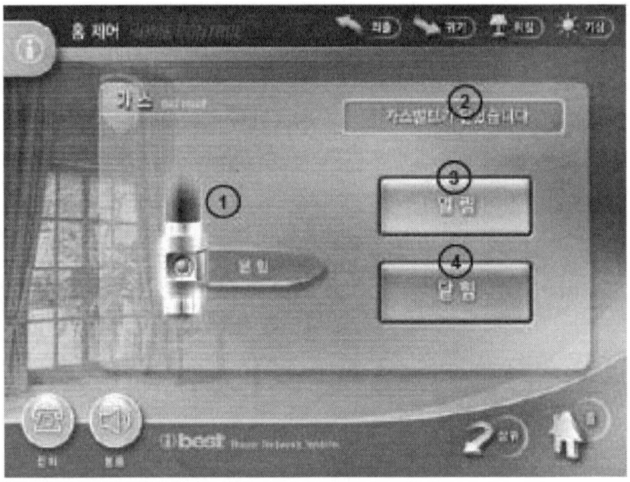

① 가스밸브상태(이미지) : 가스밸브의 상태를 이미지로 Display 하는 부분입니다. 가스밸브의 닫힘을 알려주는 이미지이며 열려 있을 경우 좌측 이미지와 같이 열림 이미지로 변경됩니다.
② 가스밸브상태(Text) : 가스밸브의 상태를 Text로 Display 하는 부분입니다.
③ 열림 버튼 : 가스밸브를 여는 버튼입니다.
④ 닫힘 버튼 : 가스밸브를 닫는 버튼입니다.

7) 커튼 연동 화면

홈제어 메인화면에서 전환된 커튼화면으로 홈서버와 연동으로 설치된 구역 커튼의 현재 상태를 모니터링하고 설치된 구역의 커튼별로 제어(열림/중지/닫힘)하는 화면입니다.

커튼 열림 연동 화면

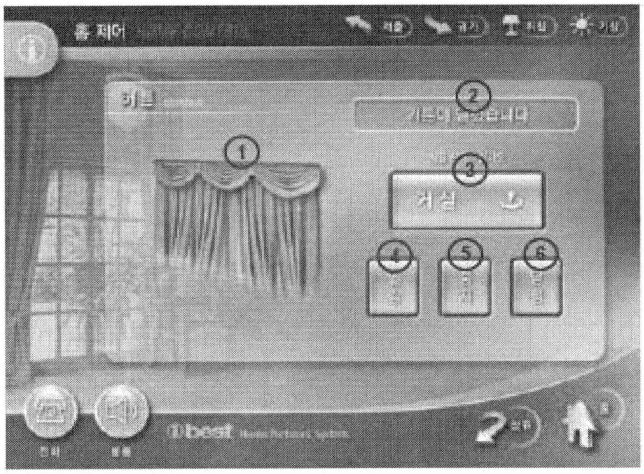

① 커튼상태(이미지) : 커튼의 상태를 이미지로 Display 하는 부분입니다 .커튼이 닫혀 있는 상태 이미지이며 열려 있는 경우, 좌측 이미지와 같이 열림 이미지로 변경됩니다.

② 커튼상태(Text) : 커튼의 상태를 Text로 Display 하는 부분입니다.

③ 커튼설치위치선택버튼 : 커튼이 설치된 위치를 선택하는 버튼입니다.

④ 열림버튼 : 커튼을 여는 버튼입니다.

⑤ 중지버튼 : 커튼을 중지 시키는 버튼입니다.

⑥ 닫힘버튼 : 커튼을 닫는 버튼입니다.

8) 난방 연동 화면

실내 환경 메인화면에서 전환된 난방 화면으로 홈서버와 연동으로 설치된 난방기기를 통해 거실 과 , 주방, 방 등 현재 상태 모니터링 및 제어를 위한 화면입니다.

① 난방제어위치선택 : 난방기기가 설치된 위치를 선택하는 버튼입니다.
② 실내온도모드설정버튼 : 실내 온도 모드를 선택하는 버튼입니다.
③ 바닥온도모드설정버튼 : 바닥 온도 모드를 선택하는 버튼입니다.
④ 동작버튼 : 난방기기의 동작을 제어하는 버튼입니다.
⑤ 설정온도(상) 조절버튼 : 난방기기의 설정온도를 1도씩 높이는 버튼입니다.
⑥ 설정온도(하) 조절버튼 : 난방기기의 설정온도를 1도씩 낮추는 버튼입니다.
⑦ 설정온도적용버튼 : 난방기기의 설정된 온도값을 적용하는 버튼입니다.
⑧ 예약/반복적용버튼 : 난방기기의 예약/반복타이머Pop-Up을 띄우는 버튼입니다.
⑨ 선택구역현재온도상태(Text) : 난방기기의 현재 온도값을 Text로 Display 하는 부분입니다.
⑩ 선택구역설정온도상태(Text) : 난방기기의 설정 온도값을 Text로 Display 하는 부분입니다.
⑪ 난방기기상태(Text) : 난방기기의 상태를 Text로 Display 하는 부분입니다.

9) 방범/방재 연동 화면

가정 보안 메인화면에서 전환된 방범/방재화면으로 홈서버와 연동 목적으로 설치된 방범/방재 센서 기기 연동 상태를 시험하여 안전한 홈네트워크 시스템 여부를 확인하기 위한 화면 입니다. 비상발생/화재발생/가스경보발생/ 침입발생에 대한 알림 기능을 하는 화면으로 발생 시, 관리실에 해당 입주자의 비상 상황이 알려지며, 해당 입주자에게 문자 메시지를 자동 송신합니다. 시험버튼은 자체 경보 테스트와 관리실 알림 기능을 하며, 입주자에게 문자 메시지를 송신 되는지의 여부를 확인 하는 시험 동작입니다.

홈서버의 정지지/복귀버튼을 선택하여 해제 하여야만 관리실에서 비상/경보해제가 됩니다.

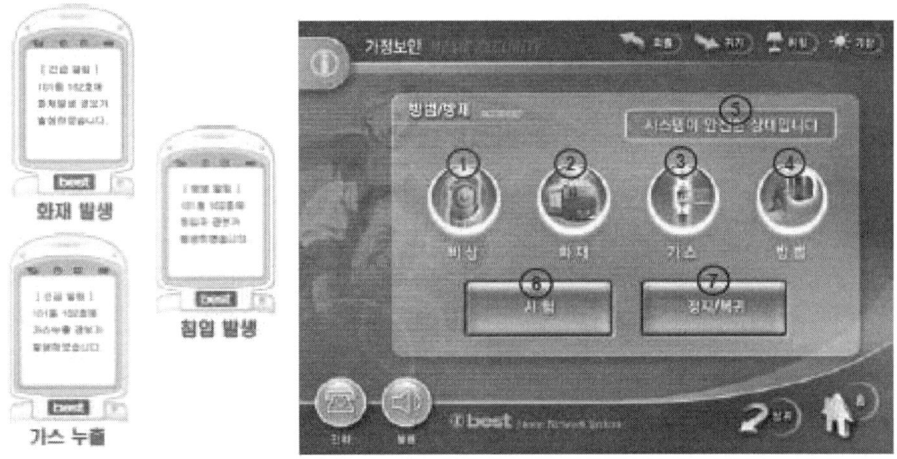

① 비상알람상태(이미지) : 비상 알람이 발생 했을 때 Blink 되는 부분입니다.
② 화재알람상태(이미지) : 화재 알람이 발생 했을 때 Blink 되는 부분입니다.
③ 가스알람상태(이미지) : 가스 알람이 발생 했을 때 Blink 되는 부분입니다.
④ 방범알람상태(이미지) : 방범 알람이 발생 했을 때 Blink 되는 부분입니다.
⑤ 알람상태(Text) : 알람 상태를 Text로 Display 하는 부분입니다.
⑥ 테스트버튼 : 방범/방재 시험 테스트 하는 버튼입니다.
⑦ 정지/복귀버튼 : 방범/방재 알람 상황 발생을 정지/복귀 시키는 버튼입니다.

10) 세대 현관 통화 화면

통화 메인화면에서 전환된 세대 현관 통화 화면으로 세대 현관의 방문자가 도어폰의 초인종을 통해서 호출을 하거나 입주자가 홈서버 세대 현관 통화 화면에서 통화 버튼을 누름으로 해서 세대 현관의 영상을 확인 하실 수 있다. 세대 현관 통화 화면은 외부 방문자와의 통화 기능과 도어락의 문열림 기능을 수행 합니다.

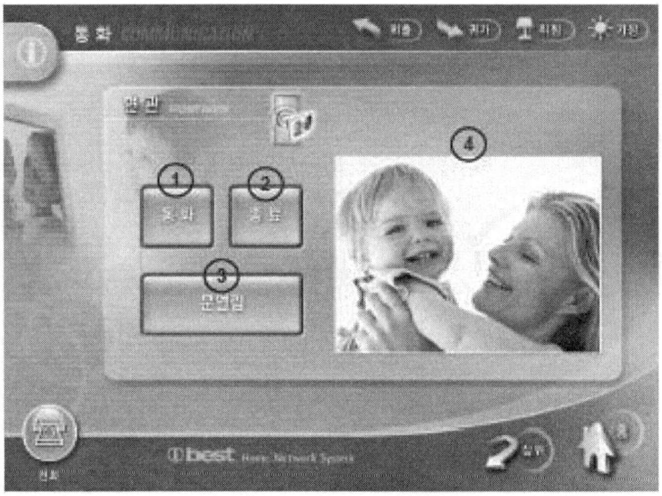

① 통화버튼 : 방문자가 호출한 경우 먼저 방문자를 확인하고 통화를 선택하는 버튼입니다.

② 통화종료버튼 : 세대 현관에서 호출된 방문자와의 통화나 문열림을 한 후 기능 종료하기 위한 버튼입니다.

③ 문열림버튼 : 세대 현관의 문을 열기 위한 버튼입니다.

④ 방문자화면상태(영상) : 세대 현관의 방문자 영상이 Display 되는 부분입니다.

11) 음악(MP3) 화면

부가서비스 메인화면에서 전환된 음악(MP3) 화면으로 단지내 서버에 입주자가 외부 인터넷을 통해 MP3 파일을 Uploading한 파일을 홈서버에서 Loading 하거나 USB 저장 장치를 이용하여 파일 Loading하는 방식으로 홈서버에서 음악청취의 서비스 화면이다. 또한 방문자가 호출하는 경우나 통화 기능을 수행 할 경우, 음악은 잠시 중단 하였다가 통화 종료 후 다시 이어진다.

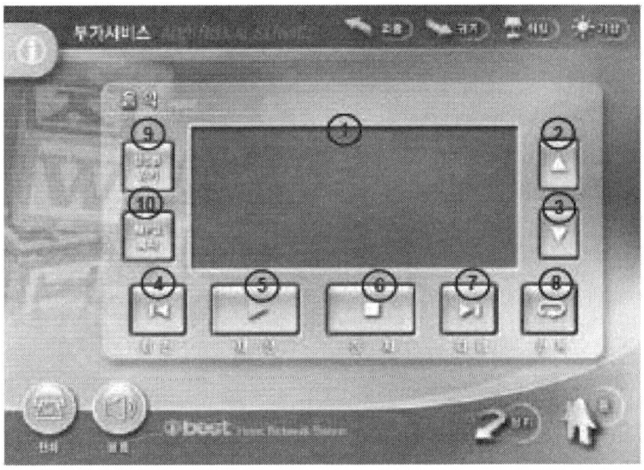

① 음악파일리스트상태(Text) : 저장된 MP3 파일 정보를 Display 하고 해당 파일을 선택 할 수 있는 부분입니다.

② 파일선택(상) 버튼 : 저장된 MP3 파일상 현재 선택한 파일이 전곡을 선택하는 버튼입니다.

③ 파일선택(하) 버튼 : 저장된 MP3 파일상 현재 선택한 파일 다음곡을 선택하는 버튼입니다.

④ 파일재생(이전) 버튼 : 저장된 MP3 파일상 현재 선택한 파일이 전곡을 재생하는 버튼입니다.

⑤ 파일재생(현재) 버튼 : 저장된 MP3 파일상 현재 선택한 곡을 재생하는 버튼입니다.

⑥ 파일정지버튼 : 현재 재생되는 곡을 정지시키는 버튼입니다.

⑦ 파일재생(다음) 버튼 : 저장된 MP3 파일상 현재 선택한 파일 다음곡을 재생하는 버튼입니다.

⑧ 반복재생버튼 : 저장된 MP3 파일전곡을반복재생시키는버튼입니다.

⑨ USB/홈서버파일Loading 버튼 : USB 저장 장치에 저장된 파일 또는 홈서버에 저장된 파일을 Loading하여 음악 파일 리스트에 Display 하는 버튼입니다.

⑩ USB 파일복사버튼 : USB 저장장치에 저장된 파일 중 선택된 곡을 홈서버에 복사하는 버튼 입니다.

제2장 운영 프로그램 기초

2-1 HTML 기초

2-1-1. HTML 이란

HTML이란 Hypertext Markup Language의 약자로 아래와 같은 의미로 사용된다.

- 월드 와이드 웹(WWW)에서 하이퍼텍스트 문서를 만들기 위해 사용되는 기본언어.
- 인터넷을 통해 볼 수 있는 문서를 만들 때 사용되는 프로그래밍 언어.
- 인터넷에서 접할 수 있는 모든 웹 페이지들은 HTML로 작성된다.
- 작성된 문서의 확장자는 *.html 또는 *.htm로 저장된다.
- 태그(TAG)는 HTML에서 사용하는 명령어이다
- 웹 브라우저(익스플러러, 네스케이프 등)는 HTML로 작성된 문서를 해석하여 화면에 출력하게 된다.

HTML 문서는 다음과 같은 특징을 가지고 있다.

- 태그는 대소문자 구분이 없습니다. 단, 파일 이름은 소문자로 해주는 것이 좋습니다.
- HTML 문자열 사이에 있는 하나 이상의 공백은 무시됩니다.
- 태그가 중복 되지 않도록 주의한다.
- HTML 태그를 잘못 사용했다 하더라도 웹 브라우저에서는 에러를 발생시키지 않습니다.

2-1-2. HTML 사용 기본 태그

1) 태그란

태그란 HTML 문서를 이루는 개개의 명령어를 가리키는 말로 기본 형태는 <태그 명령어> 내용 </태그 명령어> 형태로 이루어져 있다. (단 <hr>, <br>, <p>, <img>, <tr>, <meta> 태그 등은 단독으로 쓰입니다.)

테그 명령이의 종류는 매우 많으며 기본 태그나 사주 사용하는 태그 정도는 외워서 사용하는 것이 좋으나 굳이 외울 필요는 없고 필요 시 마다 태그 사전 등을 참조하여 HTML 문서를 만드는 것이 좋다.

2) HTML의 기본 형태

- <html></html> - html 문서임을 시작과 끝에 정의함.
- <head></head> - 헤더에 속하는 부문으로 <title>과 <meta> 태그가 여기에 속한답니다.
- <title></title> - 웹 페이지의 제목(타이틀) 을 나타냅니다.
- <body></body> - 웹 브라우저의 본문에 보여지는 내용들을 태그로 쓰는 곳.

```
<html>

  <head>

     <title> 문서의 제목이 들어가는 곳 </title>

  </head>

  <body>
     ↑


    실제 내용이 들어가는 부분


    ↓
  </body>

</html>
```

2-1-3. HTML 기본 태그 사용 예제 1

추가되는 태그 설명

- <font></font> - 글자의 속성을 정의함.
- <p></p> - 문단을 나누는 태그.
-
 - 강제로 줄 바꿈을 실행하는 태그.
- <hr> - 수평선을 표시하는 태그
-   - 공백을 넣을 때 사용하는 특수문자.
- <!-- --> - 주석을 처리하는 특수문자.

```
<html>
  <head>
     <title> 문서의 제목이 들어가는 곳 </title>
  </head>
  <body>

  <font size="2">1. 폰트의 사이즈를 조절합니다. </font><br>

  <p>2. 문단을 나누는 태그입니다. </p> <br>

  3. 선 그리기 태그입니다<br><hr width="100px" size="10"><br>

  4. 빈 공간      을 나타내는 태그입니다. <br>

  <!-- 주석처리를 하는 태그입니다. -->

</body>
</html>
```

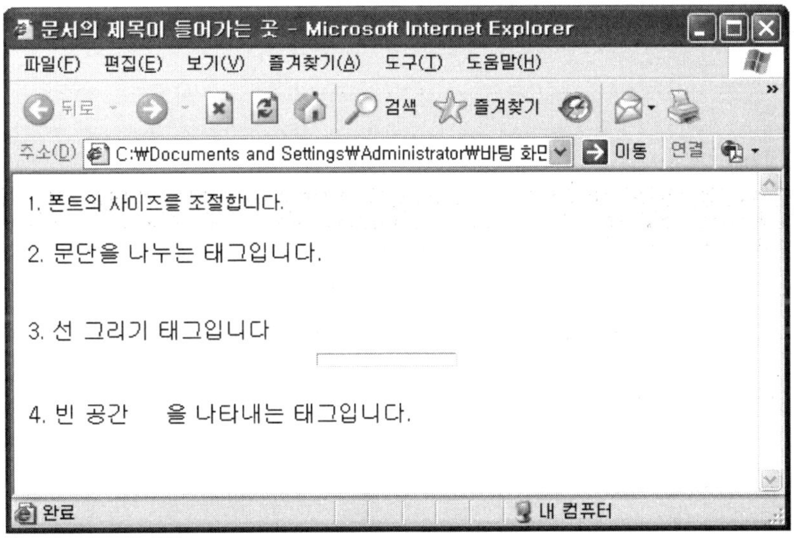

2-1-4. HTML 기본 태그 사용 예제 2

추가되는 태그 설명

- <table></table> - 표를 만들어 주는 태그.
- <tr></tr> - 표의 한 행을 만드는 태그.
- <td></td> - 표의 한 셀을 만드는 태그.

- <a></a> - 링크를 만드는 태그로 href="주소" 부분은 이동한 링크의 주소를 넣는 부분.
- <img> - 이미지를 넣는 태그로 src="이미지 위치" 는 나타낼 이미지 위치를 넣는 부분.

```
<html>
  <head>
     <title> 문서의 제목이 들어가는 곳 </title>
  </head>
  <body>

    <table>
      <tr>
         <td>표 안의 내용입니다.</td>
      </tr>
    </table><br><br>

    <a href="http://localhost/index.html">누르세요</a> <br><br><br>

    <img src="http://127.0.0.1/web/img/logo.jpg">

</body>
</html>
```

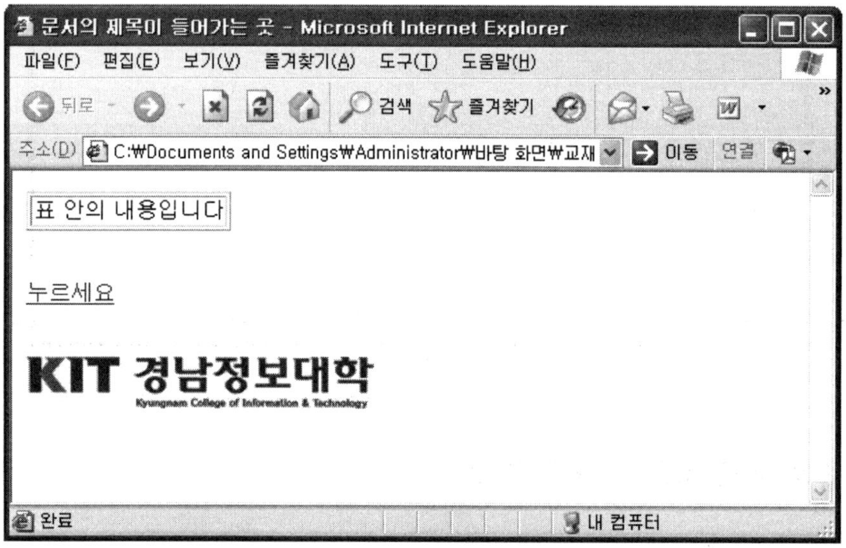

2-1-5. HTML 기본 태그 사용 예제 3

추가되는 태그 설명

- <div></div> - 내부 태그들을 그룹 짓는데 사용하는 태그.
- <input> - Type에 따라 Button, TextBox 등을 만드는데 사용하는 태그.
- <textarea></textarea> - Textarea를 만드는 태그.
- <object></object> - 매체 파일, 프로그램 등의 오브젝트를 삽입하는데 사용하는 태그.

```
<html>
  <head>
     <title> 문서의 제목이 들어가는 곳 </title>
  </head>
  <body>

    <table>
      <tr>
        <td>표 안의 내용입니다.</td>
      </tr>
    </table><br><br>

    <a href="http://localhost/index.html">누르세요</a> <br><br><br>

    <img src="http://127.0.0.1/web/img/logo.jpg">

</body>
</html>
```

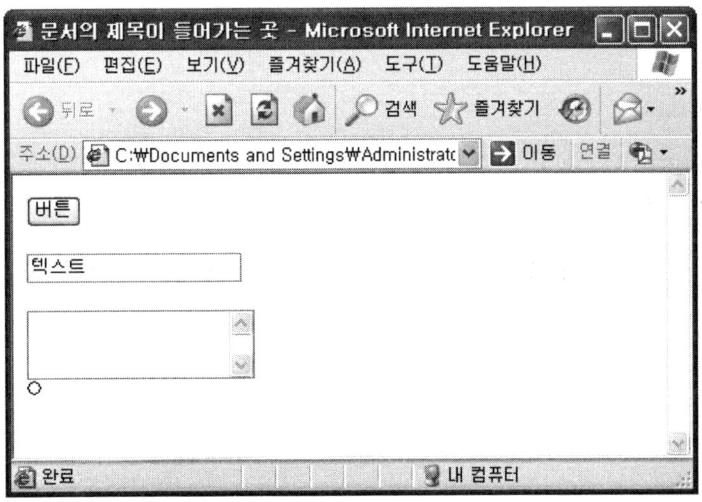

2-2 JavaScript 기초

2-2-1. JavaScript 이란

JavaScript란 1996년 2월 미국의 넷스케이프 커뮤니케이션스사가 개발한 스크립트 언어로 넷스케이프 내비게이터 2.0에 처음 사용되었다.

웹 브라우저에서 실행하는 스크립트 언어로 개발된 JavaScript의 언어 규격은 자바의 부분 집합으로 되어 있다. 하이퍼텍스트 생성 언어(HTML) 문서를 작성하는 수준의 사용자가 사용하는 것을 주안점으로 하여 자바의 언어 규격으로부터 정수형이나 문자열 형 등과 같은 변수의 형을 생략하거나 새로운 클래스 정의를 할 수 없도록 하였다.

스크립트는 HTML 문서 속에 직접 기술하며, 'script'라는 태그를 사용한다. 마이크로소프트사에서는 자바 스크립트와 같은 기능을 갖는 것으로 'Virtual Basic Scripting Edition'을 개발하였다.

자바 스크립트의 특징은 첫째 사용자가 마우스를 클릭하거나 키보드를 입력하는 것과 같은 작업을 즉시 처리 가능하다는 점과 둘째 클라이언트에서 실행되기 때문에 서버로 전송하는 데이터가 없다는 점 셋째 실행 환경은 넷스케이프 2.0 이상에서 실행되며 익스플로러 3.0 부터는 ActiveX라는 기술을 통해 적용 지원된다는 점을 들 수 있다.

자바 스크립트는 브라우저의 업그레이드가 계속 진행됨에 따라 계속 변화 발전하고 있으며 해당 브라우저의 종류에 따라 같은 소스의 페이지라도 조금씩 다르게 나타날 수 있다.

2-2-2. JavaScript 기본

1) JavaScript 넣는 방법

자바 스크립트는 보통 HTML 문서의 <head> 와 </head>사이에 삽입하면 된다.

```
<SCRIPT LANGUAGE="JavaScript">
<!--
자바스크립트 소스 코드
//-->
</SCRIPT>

또는

<SCRIPT>
<!--
자바스크립트 소스 코드
//-->
</SCRIPT>
```

2) JavaScript 외부에서 불러오기

자바 스크립트는 외부 파일에서도 불러올 수 있는데 확장자는 *.js라는 파일을 아래와 같은 형태로 불러오면 됩니다. 이런 경우 HTML 문서의 크기를 작게 해줄 뿐 아니라 JavaScript에서 사용하는 함수를 공통적으로 사용할 수 있다.

```
<SCRIPT LANGUAGE="JavaScript" src="자바스크립트파일.js">
.
.
.
예제 ==> <SCRIPT LANGUAGE="JavaScript" src="java.js">
```

3) JavaScript 주석처리

자바스크립트에 주석을 처리하는 방법에는 2가지 방법이 있는데 // 와 /* ~ */를 아래와 같은 방법으로 사용 합니다.

// 는 한 행만 주석처리 할 때 사용되며 /* ~ */ 는 그 안에 포함된 모든 문자열이 주석처리 됩니다.(여러 행 주석처리 할 때)

참고로 주석 처리된 부분은 스크립트가 실행되지 않습니다.

```
<SCRIPT LANGUAGE="JavaScript">
<!--
// 이행은 주석입니다.
/* 여기서 부터
설명 내용.
여기까지 주석입니다.
*/
function btn() {
alert("버튼을 클릭하였습니다");
}
//-->
</script>
```

4) JavaScript 단락 구분 방법

[]는 단락의 구분을 나타냅니다. 자바스크립트에는 줄 바꾸기를 했다고 해도[]로 구분하지 않으면 한 단락의 글로 취급됩니다. 기본적으로 []를 생략해도 자바 스크립트는 자동적으로 단락 구분을 판단하고 처리하지만, 소스를 보기 쉽게 하기 위해서 []로 단락을 구분하는 것이 좋습니다.

```
<SCRIPT LANGUAGE="JavaScript">
<!--
function btn() {
alert("버튼을 클릭하였습니다"); // [;]단락부분
}
//-->
</script>
```

2-2-3. JavaScript 사용 예제 1

```
<html>
  <head>
  <title> 문서의 제목이 들어가는 곳 </title>

  <script language="javascript" >

    function test() {
         alert("JavaScript 테스트입니다.");
    }
```

```
  </script>

  </head>
  <body>

  <input name = btnlink style="WIDTH: 120px; HEIGHT: 25px" type=button size=41
   value="디바이스연결" OnClick="test();">

  </body>
</html>
```

◈ javaScript 추가 설명

- <script language="javascript"></script> - 일반 HTML 문서의 <head></head> 태그 사이에 javascript를 추가할 때 사용하는 태그.
- function test() - 사용자 정의 기능 함수로 호출 시 내부에 정의해 놓은 동작을 실행한다.
- alert("Message") - 메시지 창을 띄워 사용자에게 Message 내용을 보여주는 내장 메서드.
- OnClick="test()" - 해당 버튼을 클릭 하는 이벤트 발생시 test() 함수를 호출한다.

2-2-4. JavaScript 사용 예제 2

```
<html>
 <head>
```

```
<title> 문서의 제목이 들어가는 곳 </title>
<script language="javascript" >

   function subtract() {
   var data1 = txt1.value;
   var data2 = txt2.value;
   var result = data1 - data2 ;
   alert(result) ;
  }

</script>
</head>
 <body>
  <input name = txt1 style = "WIDTH: 40px; HEIGHT: 25px" size =4>   -  
  <input name = txt2 style = "WIDTH: 40px; HEIGHT: 25px" size =4> <br><br>
  <input name = btnlink style="WIDTH: 120px; HEIGHT: 25px" type=button size=41
" OnClick="subtract();">
  </body>
</html>
```

■ javaScript 추가 설명

- function subtract() - 사용자 정의 기능 함수로 호출 시 뺄셈 동작을 실행한다.
- var - JavaScript에서 변수를 선언할 때 사용하며 사용법은 "var 변수명 " 으로 사용한다.
- var data1 = txt1.value ; - 변수 data1에 txt1 textbox에 사용자가 입력한 값을 대입한다.
- var data2 = txt2.value ; - 변수 data2에 txt2 textbox에 사용자가 입력한 값을 대입한다.
- var result = data1 - data2 ; - 변수 result에 data1에서 data2의 값을 뺀 값을 대입한다.

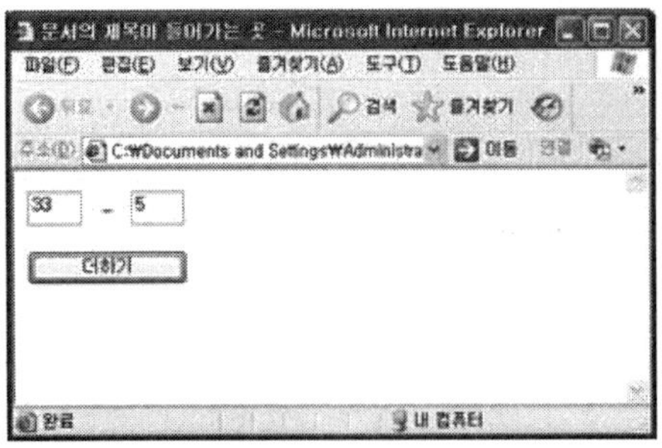

제3장 프로그램 설치

3-1 APM 프로그램

3-1-1. APM 프로그램

- 실험용 PC에 설치되는 프로그램으로 Apache 웹 서버와 PHP 웹 서버 언어, MySql 데이타 베이스 서버가 통합된 설치 패키지 임.
- 본 교육과정에서는 홈 서버와 연동하는 Web과 Mobile 서비스 개발을 위해 필요한 프로그램

3-1-2. APM 프로그램 설치 방법

1) 실험용 PC상에 동작하고 있는 Web Server와 DataBase 프로그램을 정지시킨다.
2) 아래 설치 방법에 따라 프로그램을 설치한다.

* CD의 프로그램 폴더안의 왼쪽 모양의 아이콘을 클릭

↓

* Korean이 선택된 상태에서 Ok 버튼 클릭

↓

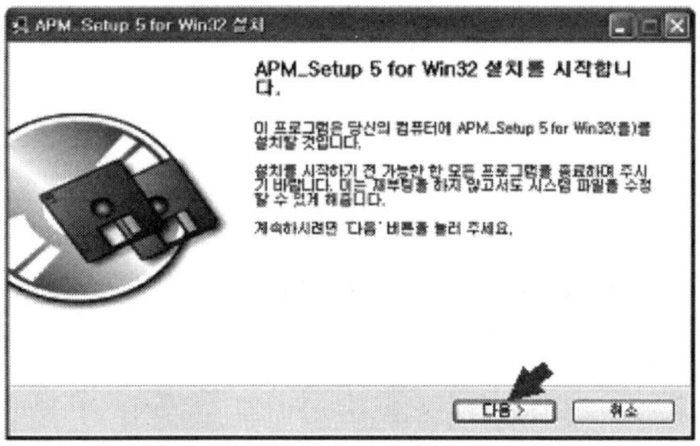

* 다음 버튼 클릭

⬇

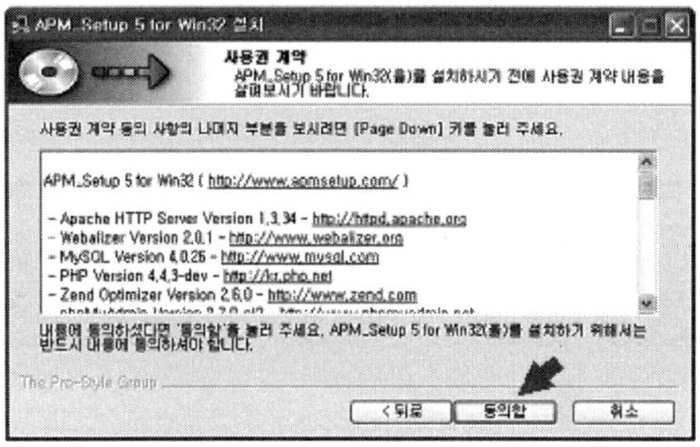

* 동의함 버튼 클릭

⬇

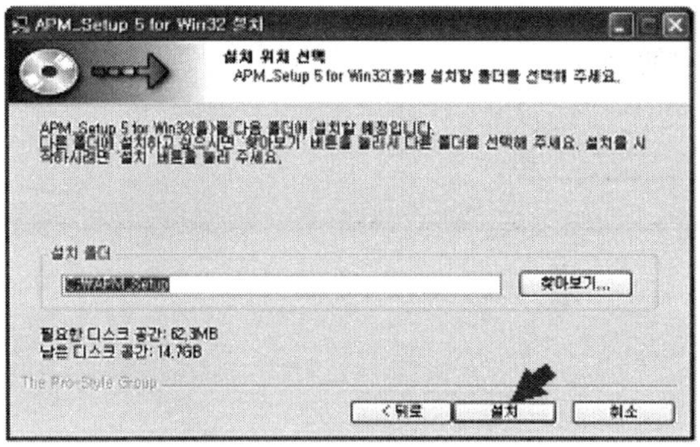

* 설치 버튼 클릭

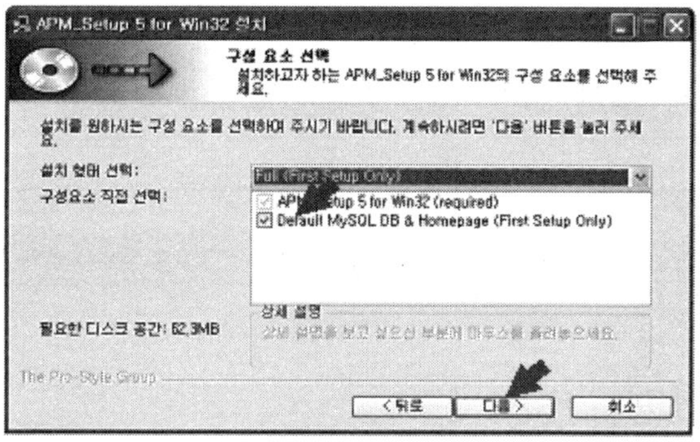

* Full (First Setup Only) 은 선택한 상태에서 Default My ……,의 체크 박스를 해제하고 다음 버튼 클릭

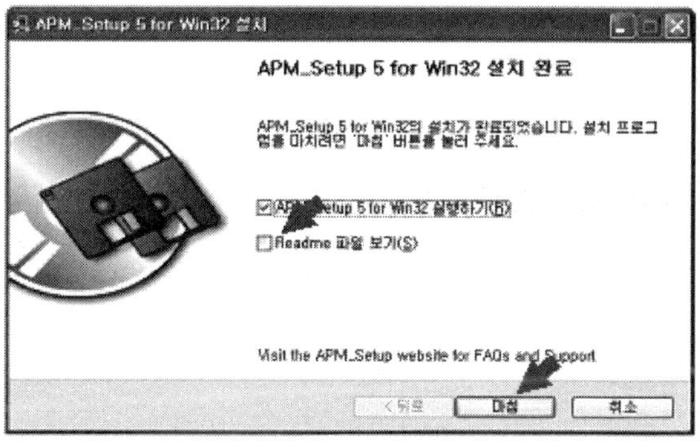

* Readme 파일 보기를 해제한 뒤 마침 버튼 클릭

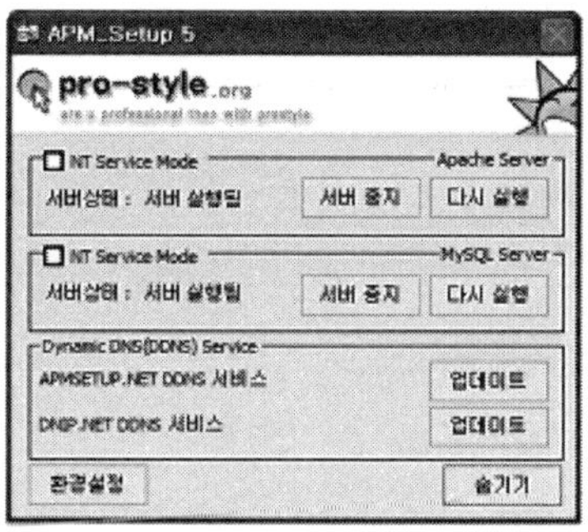

* 정상적으로 프로그램 설치가 완료되면 왼쪽 화면과 같은 모니터링 화면이 나타남.

3-1-3. APM 프로그램 사용 방법

1) APM 프로그램 설정

설치가 정상적으로 완료되면 아래와 같이 서버의 설정을 변경해야 한다.

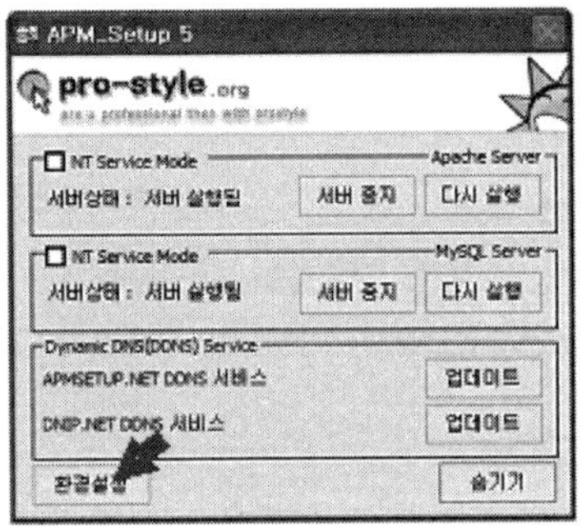

* APM_Setup 5의 모니터링 화면의 환경설정 버튼을 클릭

⬇

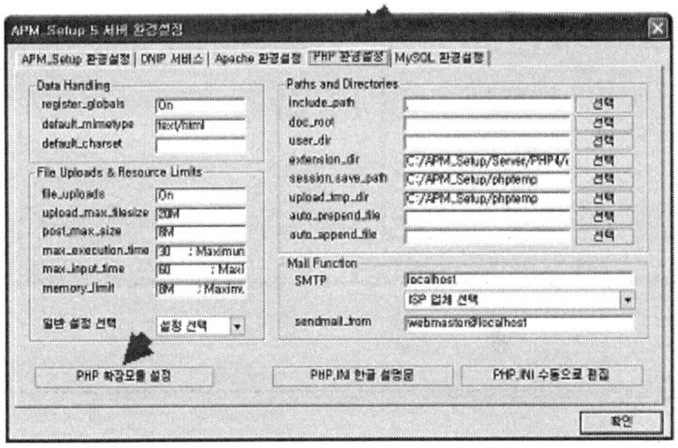

* PHP 환경설정 탭 화면을 선택한 뒤 PHP 확장모듈 설정 버튼을 클릭

⬇

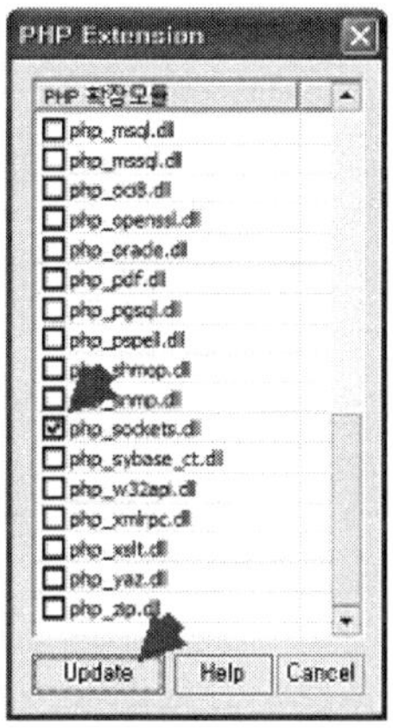

* php_sockets.dll 모듈을 체크한 뒤 Update 버튼을 클릭

↓

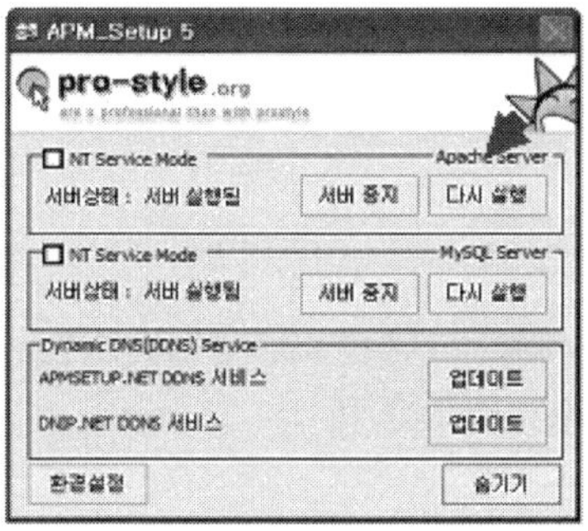

* Apache Server의 다시 실행 버튼을 클릭

2) 정상적인 서버 설정이 완료되면 C:\APM_Setup\htdocs 있는 파일들을 삭제하고 제공된 CD의 htdocs 안의 파일들을 복사해서 C:\APM_Setup\htdocs 넣는다.
3) C:\APM_Setup\htdocs 폴더에 복사해 넣은 regocx.bat 파일을 실행한다.
4) 웹 브라우저를 실행해서 URL에 http://127.0.0.1/을 입력하여 아래와 같은 화면이 나타나면 APM 설정이 정상적으로 완료된 것이다.

정상적인 등록으로 생성된 웹 브라우저

3-2 Mobile Browser 프로그램

3-2-1. Mobile Browser 프로그램

- 실험용 PC에 설치되는 Mobile 서비스 개발을 위해 필요한 프로그램.

3-2-2. Mobile Browser 프로그램 설치 방법

* CD의 프로그램 폴더안의 왼쪽 모양의 아이콘을 클릭

↓

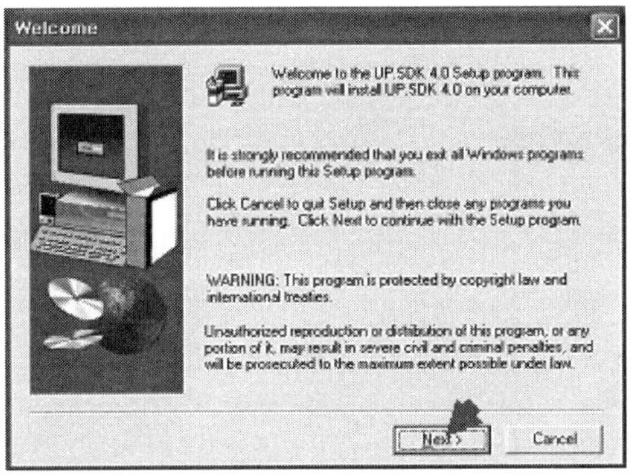

* Next 버튼 클릭

↓

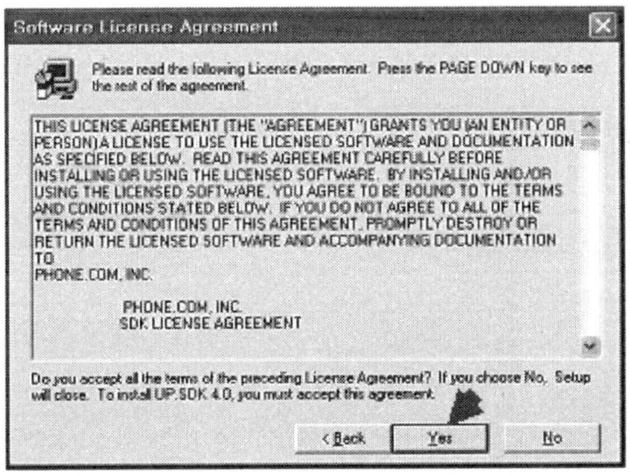

* Yes 버튼 클릭

↓

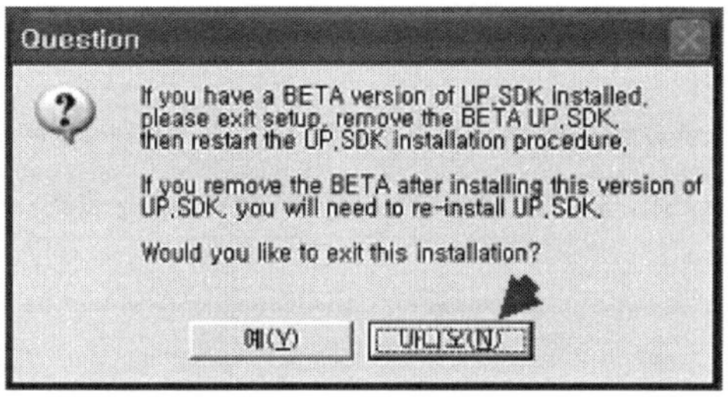

* 아니오, 버튼 클릭

⬇

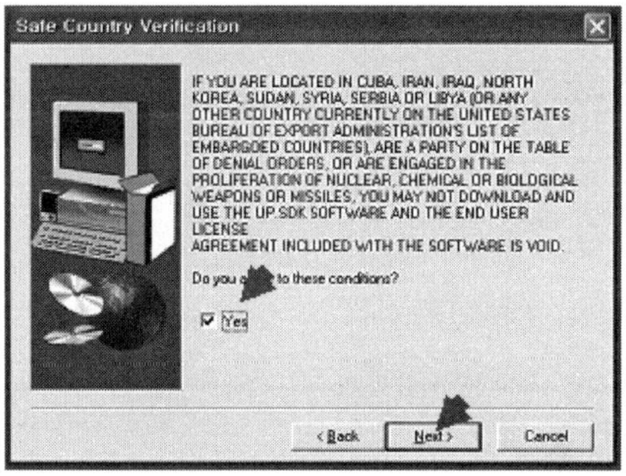

* Yes를 체크하고 Next 버튼 클릭

⬇

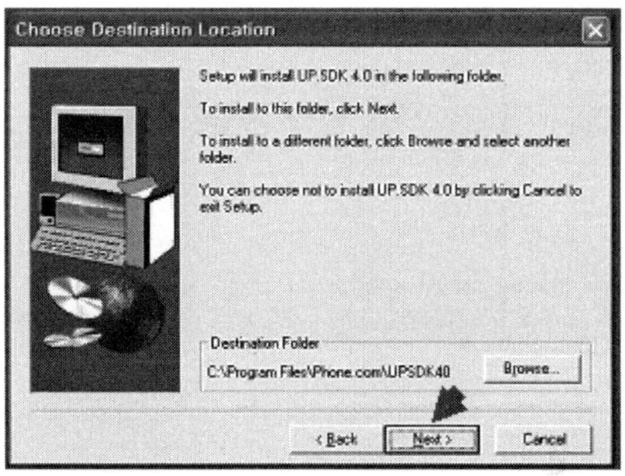

* Next 버튼 클릭

⬇

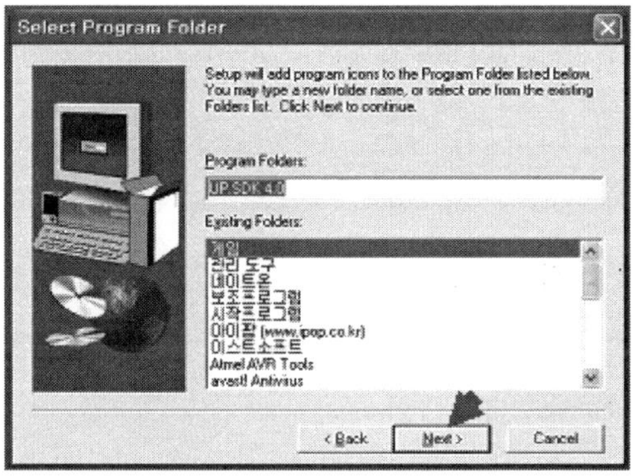

* Next 버튼 클릭

⬇

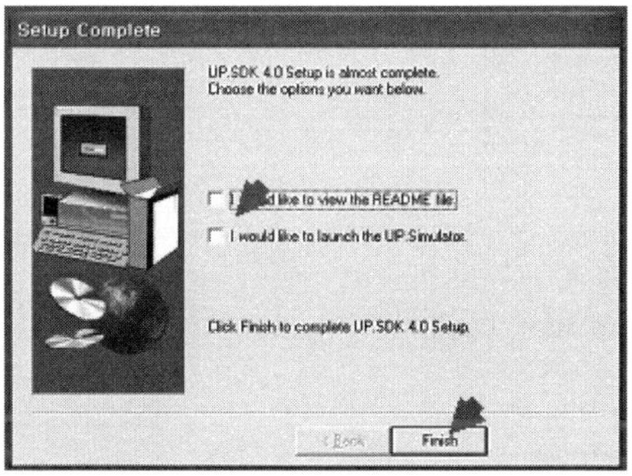

* 체크 박스를 모두 해제하고 Finish 버튼을 클릭

3-2-3. Mobile Browser 프로그램 사용 방법

1) Mobile Browser 설정

설치가 정상적으로 완료되면 아래와 같이 Mobile Browser의 설정을 변경해 준다.

* 시작 -> 프로그램 -> UP.SDK 4.0 -> UP Simulator 을 실행

⬇

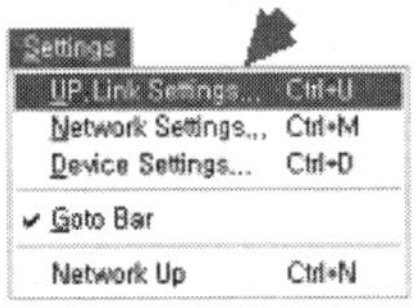

* 실행된 UP Simulator의 메뉴 중 Setting -> UP.Link Setting 을 선택한다.

↓

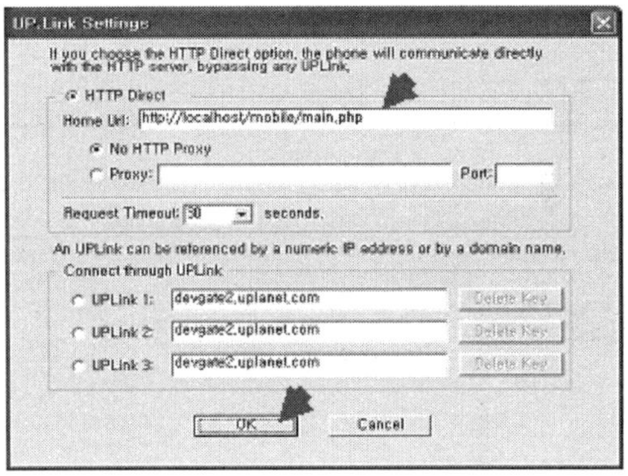

* Home Url 의 내용을 http://localhost/mobile/main.php로 수정한 뒤 OK 버튼을 클릭한다.

2) Mobile Browser를 닫았다 다시 실행하여 아래와 같은 화면이 나타나면 정상적으로 완료된 것이다.

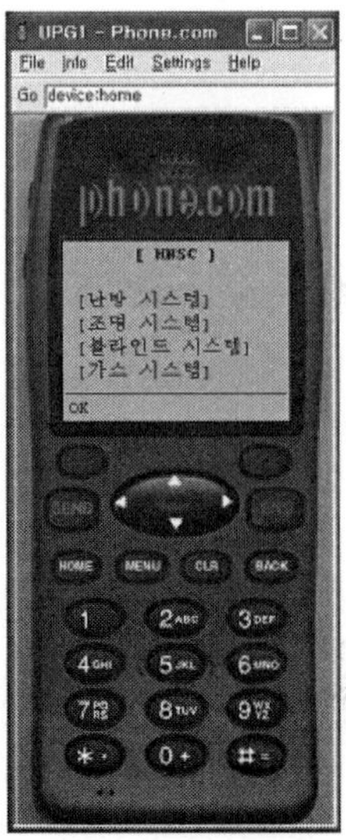

3-3 AcroEdit 프로그램

3-3-1. AcroEdit 프로그램

AcroEdit는 마이크로소프트 윈도(Windows 95 또는 이후 버전, Windows NT 4.0 또는 이후 버전) 환경에서 사용 가능 한 프리웨어 텍스트 편집기 홈 서버와 연동하는 Web과 Mobile 서비스를 개발하기 위한 프로그램

3-3-2. AcroEdit 프로그램 설치 방법

* CD의 프로그램 폴더안의 왼쪽 모양의 아이콘을 클릭

⬇

* 예 버튼 클릭

⬇

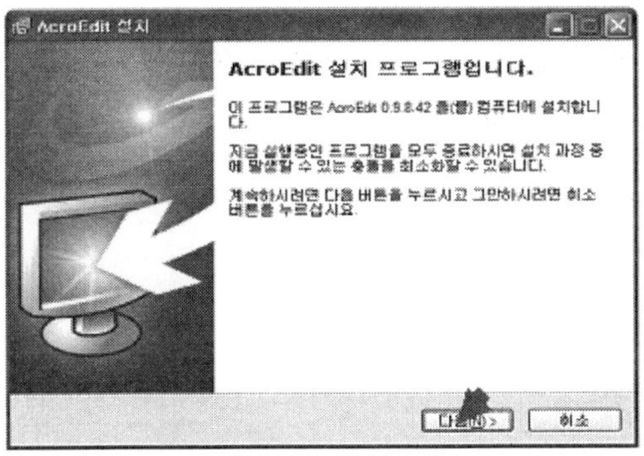

* 다음 버튼 클릭

⬇

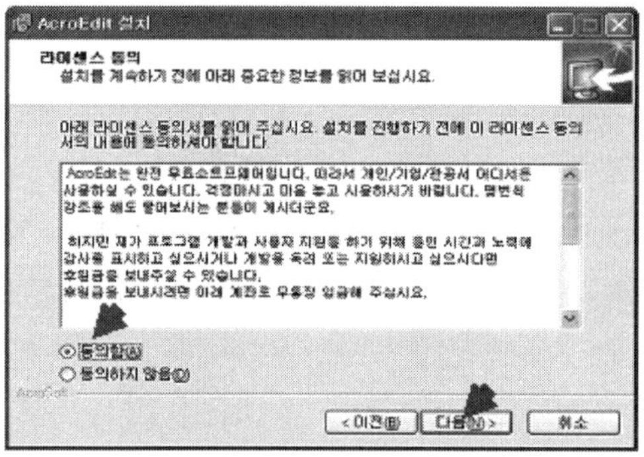

* 다음 버튼 클릭

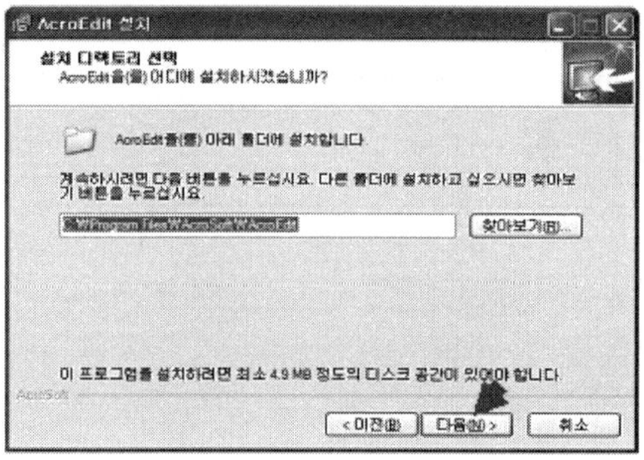

* 다음 버튼 클릭

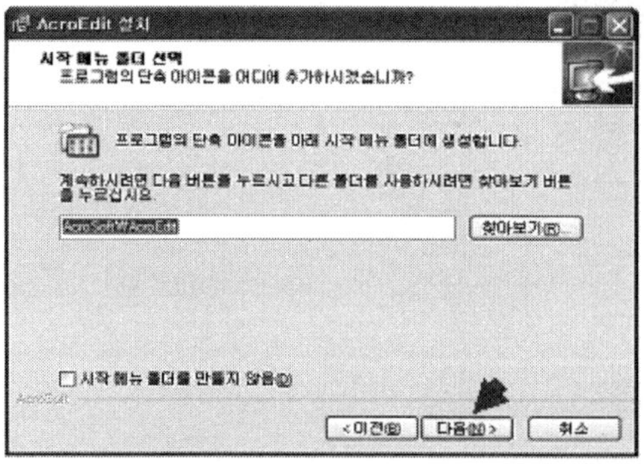

* 다음 버튼 클릭

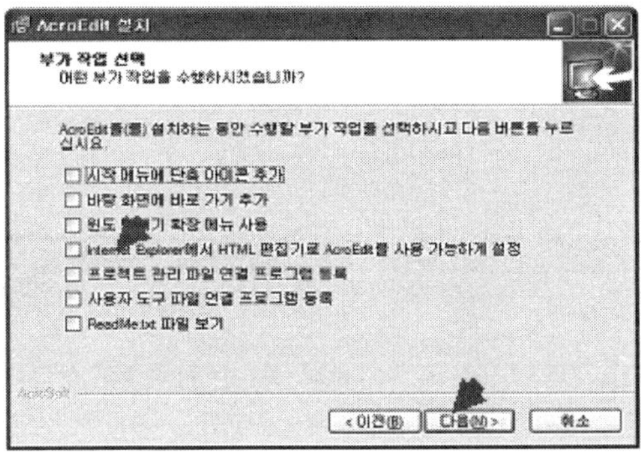

* 체크된 내용을 모두 해제한 뒤 다음 버튼 클릭

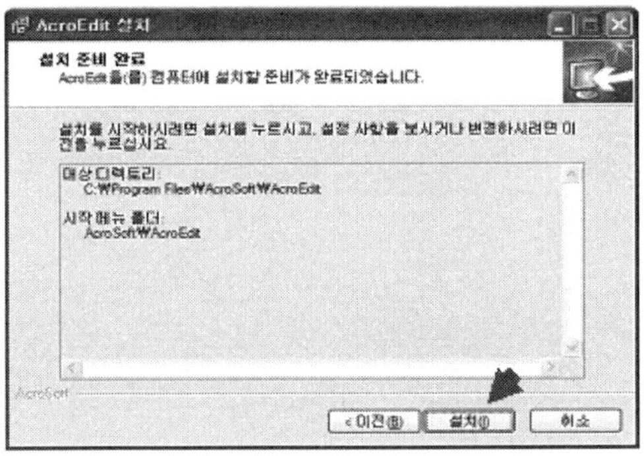

* 설치 버튼 클릭

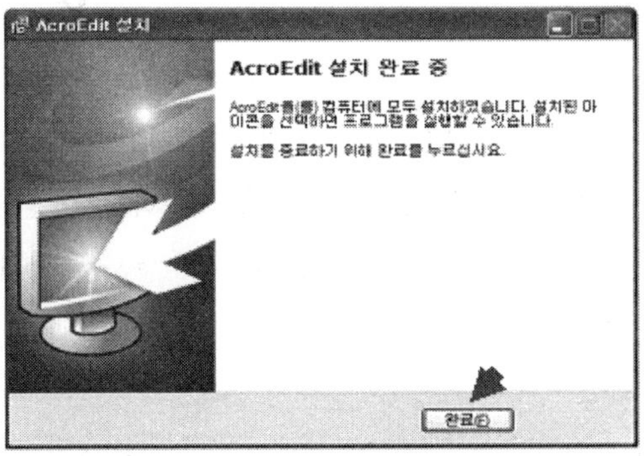

* 완료 버튼 클릭

3-3-3. AcroEdit 프로그램 사용 방법

1) 메인 화면 구성

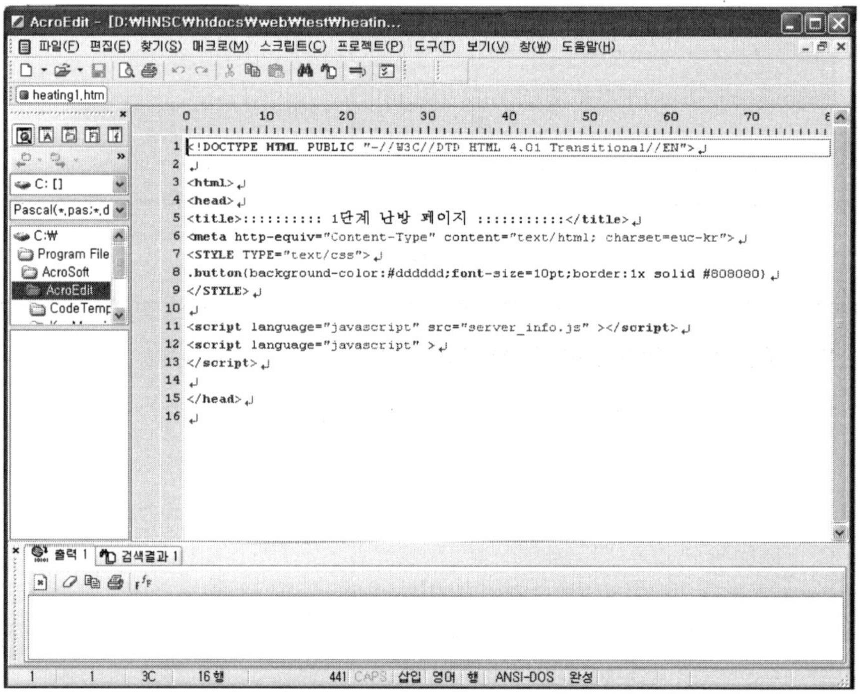

<그림 1> AcroEdit 전체화면

2) 기본 인터페이스

상단의 툴바와 좌측의 탐색창, 우측의 메인 편집창입니다. 대부분의 에디터가 공유하는 일반적 구성이다. 툴바와 아이콘 역시 사용자 정의가 가능하여 자신이 주로 사용하는 기능에 맞게 설정할 수 있으며. 일반적으로 가장 많이 사용되는 텍스트파일과 HTML, 그리고 CSS 파일을 열어보았다. HTML에서는 문제 없었지만, CSS파일의 경우 각 태그와 변수의 구분을 용이하게 해 주는 문자색상이 제대로 구현되지 않는다. (그림 2)에서와 같이 모두 검은색으로만 표시된다.

탭형식으로 현재 작업중인 문서들이 나열되는데 이는 이미 모든 에디터들의 표준이 되었다.

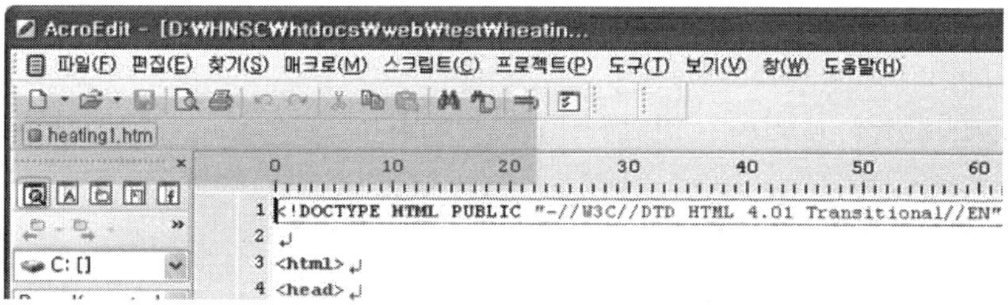

<그림 2> 탭형식의 작업문서 나열

3) 지원하는 형식 파일

AcroEdit나 EditPlus, EmEditor, UltraEdit 모두 기본적인 텍스트기반의 파일포맷은 모두 편집이 가능하다. 따라서 일반적인 텍스트기반의 파일들은 거의 대부분 열고 쓸 수 있다.

AcroEdit의 경우 무엇보다 한글화일(.hwp)의 지원이 돋보이며 MS워드만을 깔아서 사용하는 유저라면 간단하게 AcroEdit를 통해 한글파일을 읽고 쓸 수 있다. 물론 MS워드 자체가 한글파일을 열 수는 있지만, AcroEdit보다 훨씬 무겁다.

프로그램자체에서 "새로만들기"를 통하여 손쉽게 만들고 저장할 수 있는 포맷은 TEXT, HTML을 비롯하여 C/C++, Java, Visual Basic 등이 있다. 물론 여기에 나열되지 않은 포맷을 지원하지 못한다는 것은 아니다. 위에 언급한 바와 같이 일반적이 텍스트기반의 문서라면 거의 대부분 지원이 가능하다.

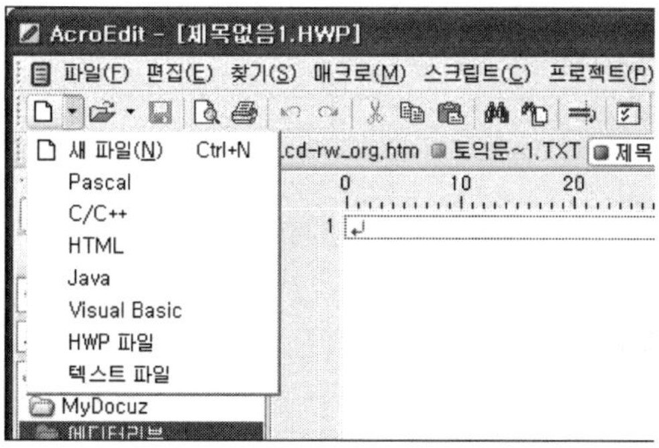

<그림 3> AcroEdit가 기능상 지원하는 파일 포맷

4) AcroEdit만의 보조 툴바와 코드 템플릿

AcroEdit만의 특이한 사항은 (그림 2)의 ⓐ에서와 같은 좌측 탐색창 위의 보조툴바와 그

아이콘들입니다. 상단에는 탐색기, 아스키문자표, 프로젝트, 코드템플릿, 함수리스트 항목이 차례로 자리 잡고 있습니다. 이 중 "코드 템플릿"기능은 상당히 만족스럽습니다.

해당 문서를 열거나 생성시 편리하게 코드를 입력할 수 있는데, 가령 HTML편집 시 코드템플릿에서 "FONT"를 선택하면 자동으로 태그가 입력됩니다. (그림 4)

그 밑으로는 즐겨찾기와 폴더동기화 아이콘이 있어서 자주 불러오는 문서를 간단하게 찾아 볼 수 있고, 간단히 파일을 삭제하거나 불러올 수도 있습니다.

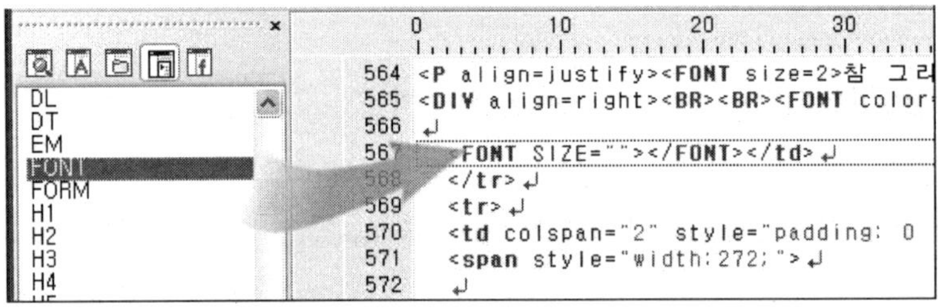

<그림 4> AcroEdit의 보조툴바

5) 찾기와 바꾸기

일반 사용자에게 있어서 가장 빈번하고 유용할 기능은 바로 문서내의 특정 항목을 찾거나 바꾸는 것이다. AcroEdit는 이 점에 있어서 매우 강력하고 직관적인 기능을 보여주며 검색을 마친 후 일방적으로 찾기 대화창이 사라지는 것은 사용자에 따라 불편할 수도 있다.

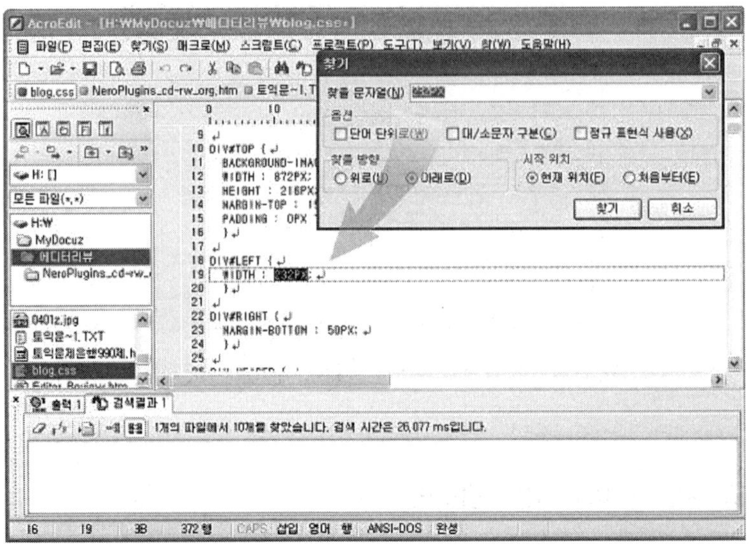

<그림 5> 문서에서 "232PX"라는 특정 항목 찾기

AcroEdit의 “모두 찾기” 메뉴는 제법 뛰어나다. 문자열을 입력후 “찾기”를 클릭하면 하단의 결과칸으로 문서내 모든 검색 결과가 나타난다. 좌측에 보이는 19, 63, 70, 78... 등의 숫자는 몇 번째 줄에 검색 문자가 있는가를 알려주는 것으로, 매우 직관적이다.

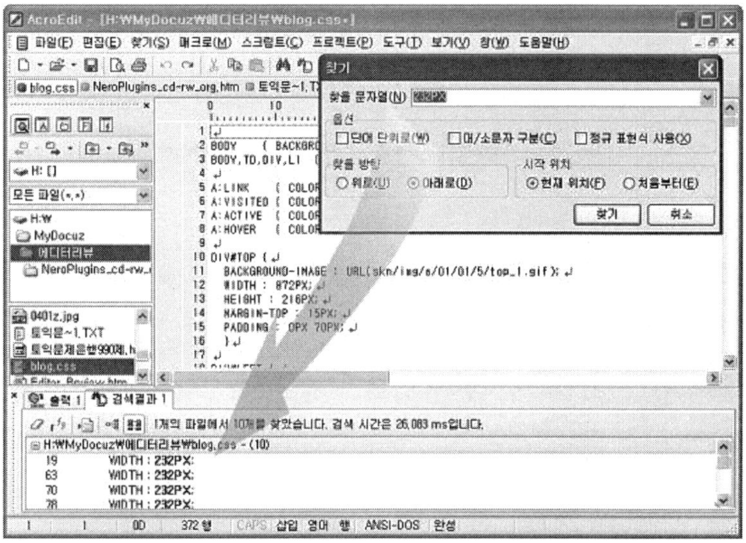

<그림 6> 문서에서 "232PX"라는 모든 항목 찾기

6) 고급 기능

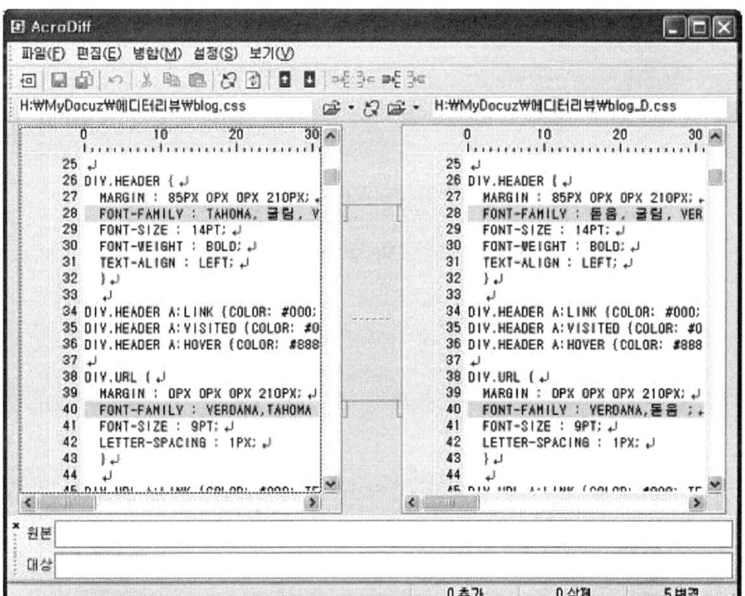

<그림 7> AcroDiff를 이용한 파일비교/통합 작업

기타 고급기능으로는 문법강조와, AcroDiff라는 내장프로그램에 의한 파일 비교/ 통합, 그리고 컴파일 기능 등이 있다. 간단하게 FTP클라이언트 역할도 가능하여 작성한 HTML 파일을 즉석에서 서버에 올릴 수 있으며, FTP서버 관리창을 통하여 XML형식으로 서버설정 파일을 내보내거나 가져올 수 있는 것이 특징이다.

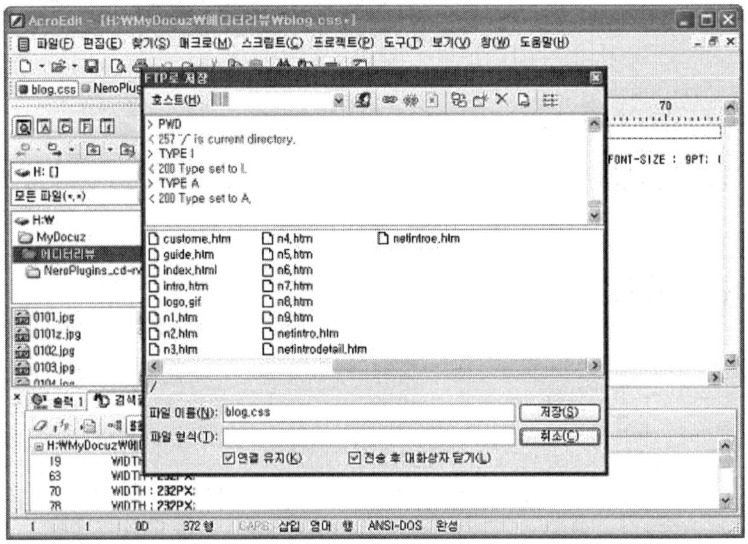

<그림 8> 편집한 파일을 바로 FTP 클라이언트로 올리기

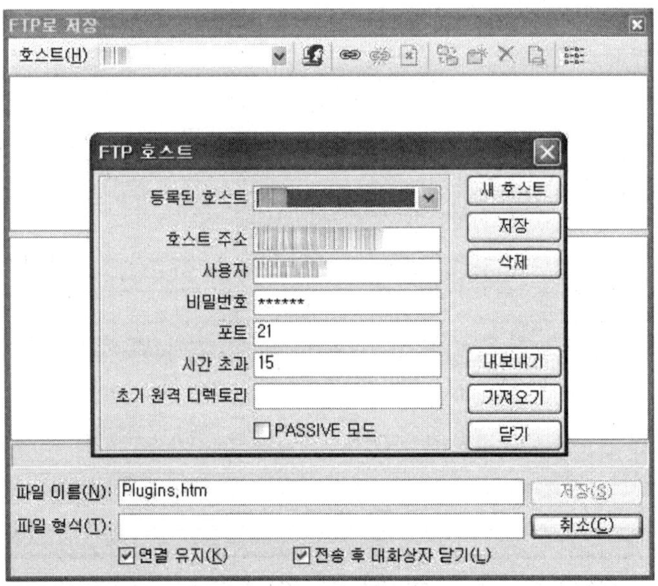

<그림 9> FTP서버 관리

3-4 HSNC 프로그램

3-4-1. HNSC 프로그램

실험용 PC에 설치되는 HNSC 관리 프로그램 설치 프로그램

3-4-2. HNSC 프로그램 설치 방법

* CD의 프로그램 폴더안의 HNSC 폴더의 왼쪽 모양의 아이콘을 클릭

↓

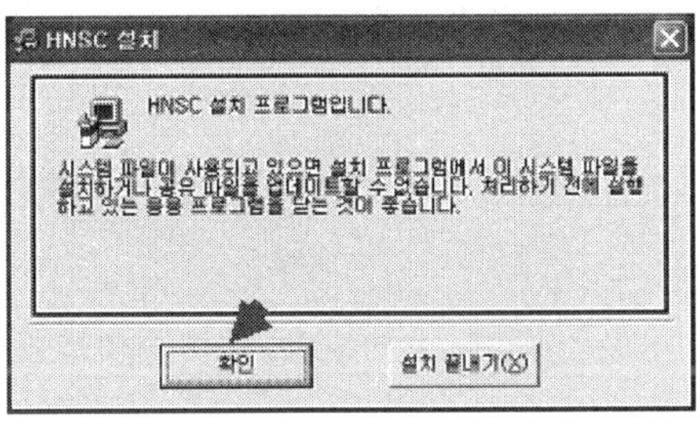

* 확인 버튼 클릭

↓

* 아이콘 모양의 버튼 클릭

↓

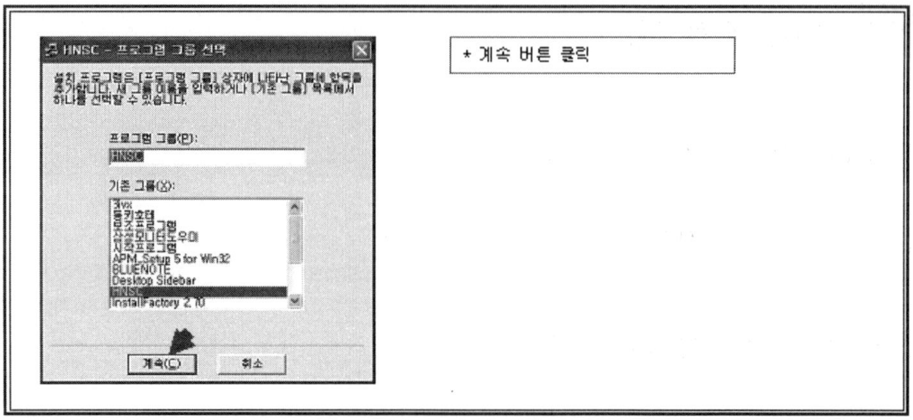

3-4-3. HNSC 프로그램 사용 방법

1) 메인 화면 구성

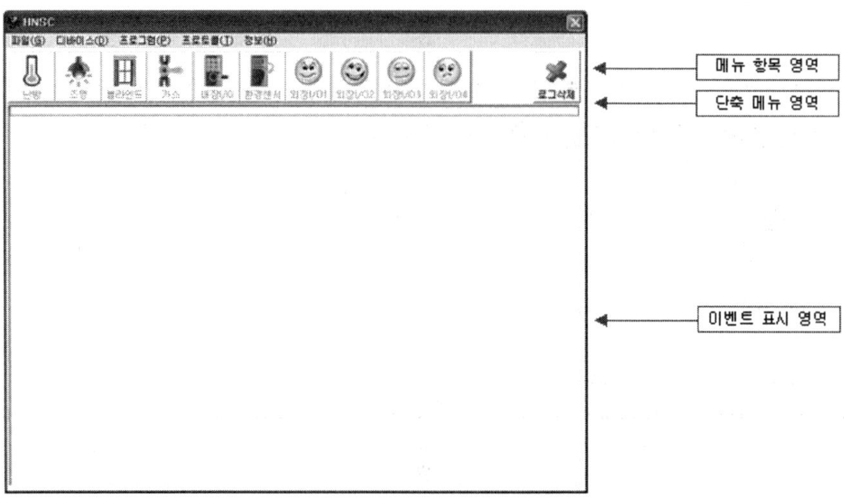

2) 메뉴 항목 영역

파일(G) 디바이스(D) 프로그램(P) 프로토콜(T) 정보(H)

PC와 홈 서버간 Socket 연결을 실행하는 메뉴로 각 디바이스 연결 및 환경 설정, 프로코톨 연동제어 메뉴로 구성 되어져 있다.

3) 단축 아이콘 영역

각각의 디바이스 제어를 위한 메뉴로 구성 되어져 있으면 연결된 디바이스의 상태를 간단하게 확인할 수 있는 메뉴로 구성되어 있다.

4) 디바이스 이벤트 표시 영역

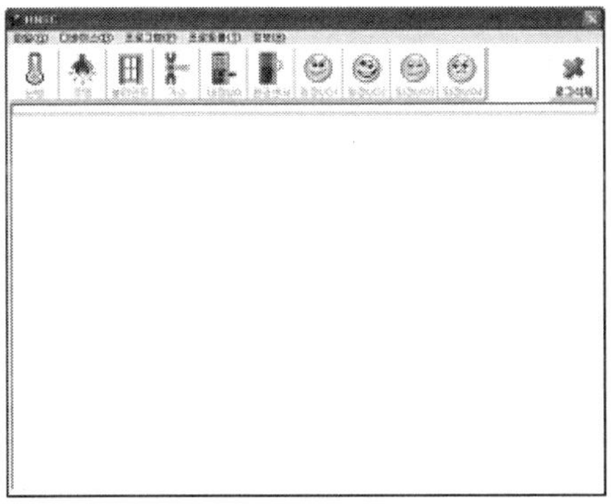

<홈 서버와 연결 전>

<홈 서버와 연결 후>

홈서버와 연결 되어 각각의 디바이스에서 발생되는 이벤트 로그가 표시되는 영역이다.

제14장 HNSC

4-1 HNSC 메인 화면 구성

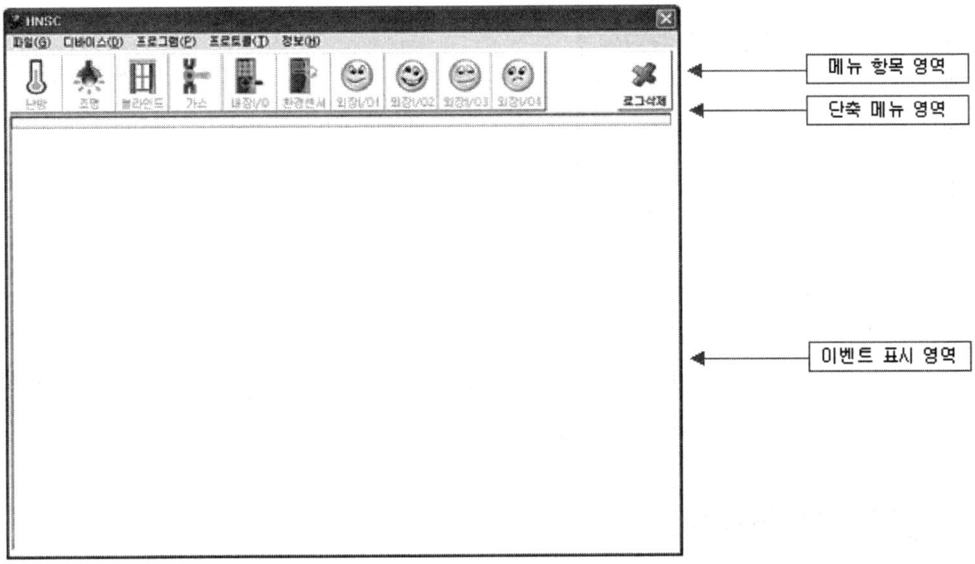

4-1-1. 메뉴 항목 영역

파일, 디바이스, 프로그램, 프로토콜, 정보 항목으로 구성

1) 파일 메뉴 항목 영역

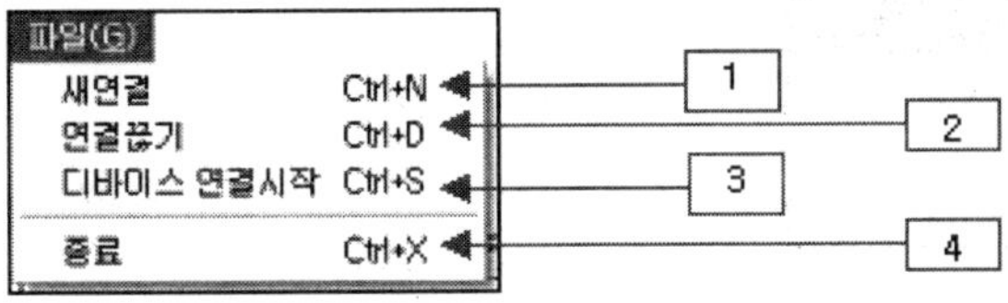

① 새연결

- PC와 홈 서버간 Socket 연결을 실행하는 메뉴로 메뉴를 선택하면 새연결 팝업 창이

나타난다

- 나타난 팝업창에 홈 서버 IP 정보와 포트 정보를 입력한 후 확인 버튼을 선택하면 홈 서버와 Socket 통신이 연결된다.

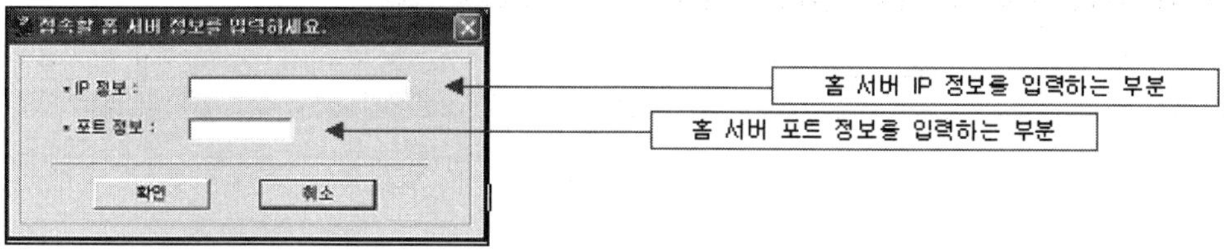

② 연결끊기

- PC와 홈 서버간 Socket 연결끊기을 실행하는 메뉴로 선택하면 새연결 팝업 창이 나타난다. 나타난 팝업창에 확인 버튼을 선택하면 홈 서버와 Socket 연결이 끊어진다.

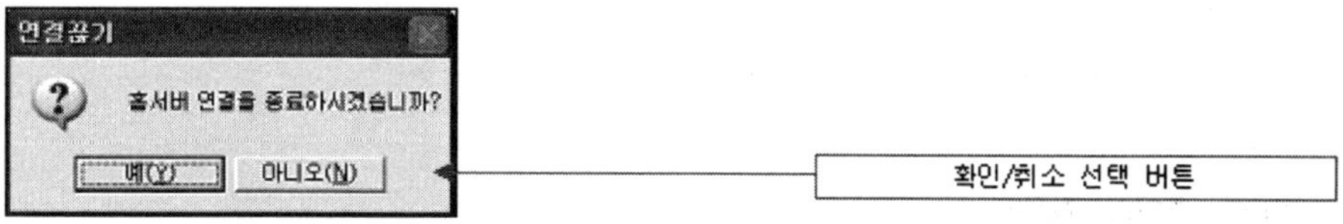

③ 디바이스 연결시작

- HNSC 프로그램으로 홈 서버와 연결되어 있는 디바이스를 제어 & 모니터링을 시작하는 메뉴로 선택하면 연결시작 작업창이 나타난다. 나타난 팝업창에서 확인 버튼을 선택하면 디바이스들의 연결 상태에 따라 단축 아이콘의 해당 메뉴가 활성화 되고, 이벤트 영역창에 모니터링 되는 데이터들이 표시된다.

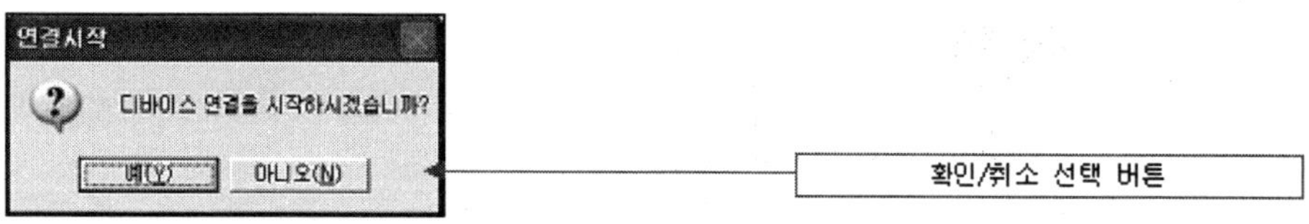

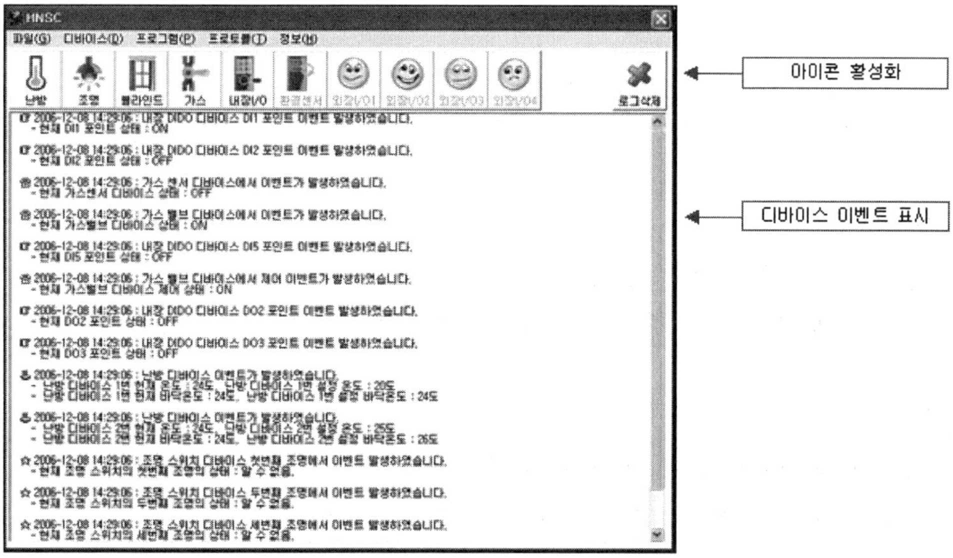

2) **디바이스 메뉴 항목 영역**

- 디바이스 중 연결이 되어 있는 항목만이 활성화 되어 나타난다.

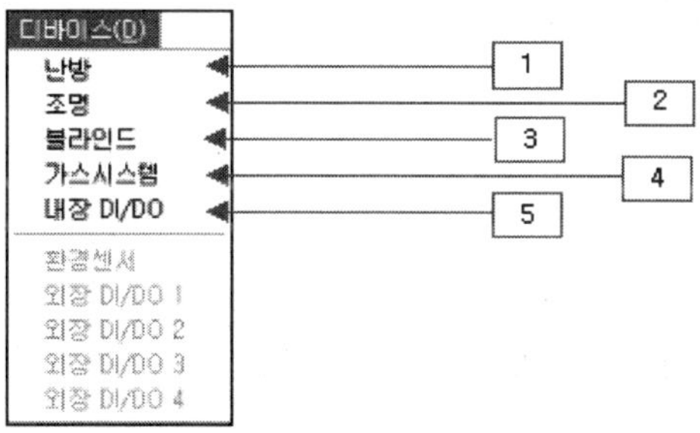

① 난방

- 난방 디바이스의 팝업 창이 나타난다.
- 난방 디바이스 화면의 자세한 설명은 디바이스 화면구성을 참조.

② 조명

- 조명 디바이스의 팝업 창이 나타난다.
- 조명 디바이스 화면의 자세한 설명은 디바이스 화면구성을 참조.

③ 블라인드

- 블라인드 디바이스의 팝업 창이 나타난다.
- 블라인드 디바이스 화면의 자세한 설명은 디바이스 화면구성을 참조.

④ 가스시스템

- 가스시스템 디바이스의 팝업 창이 나타난다.
- 가스시스템 디바이스 화면의 자세한 설명은 디바이스 화면구성을 참조.

⑤ 내장DI/DO

- 내장DI/DO 디바이스의 팝업 창이 나타난다.
- 내장DI/DO 디바이스 화면의 자세한 설명은 디바이스 화면구성을 참조.

3) 프로그램 메뉴 항목 영역

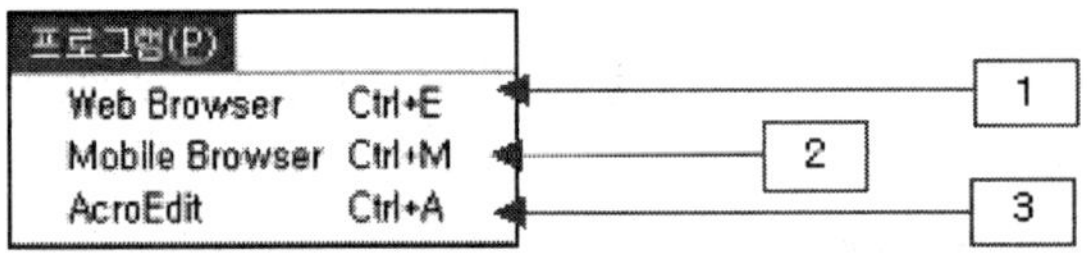

① Web Browser

- Web Browser 팝업 창이 나타난다.
- Web Browser 화면의 자세한 설명은 프로그램 화면구성을 참조.

② Mobile Browser

- Mobile Browser 프로그램이 실행된다.
- Mobile Browser 화면의 자세한 설명은 프로그램 화면구성을 참조.

③ AcroEdit

- AcroEdit 프로그램이 실행된다.
- AcroEdit 화면의 자세한 설명은 프로그램 화면구성을 참조.

4) 프로토콜 메뉴 항목

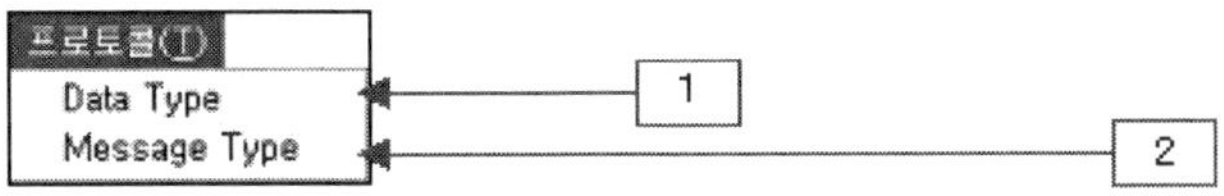

① Data Type

- 제공된 프로토콜 문서를 참조하여 제어하려는 디바이스의 Section Name, Key, Value 값을 입력하고 홈 서버로 전송한다.

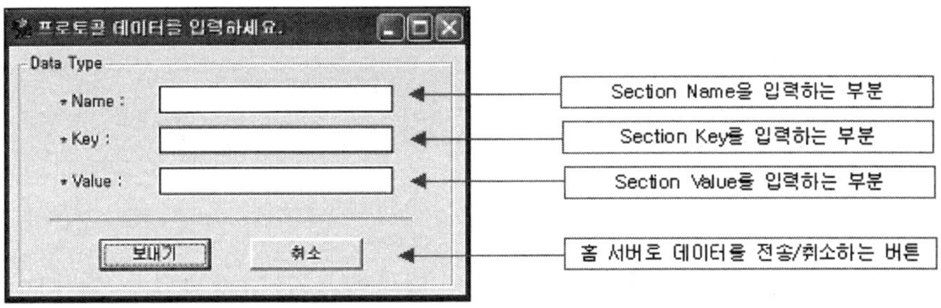

ex) 블라인드 디바이스에 STOP 명령을 내리려고 할 때

➡ Name 필드에 Blind, Key 필드에 Blind1, Value 필드에 STOP 데이터를 입력한 뒤 보내기 버튼을 선택한다.

② Message Type

- 제공된 프로토콜 문서를 참조하여 제어하려는 디바이스의 Section Name, Key, Value 값을 Message Type으로 조합하여 홈 서버로 전송한다.

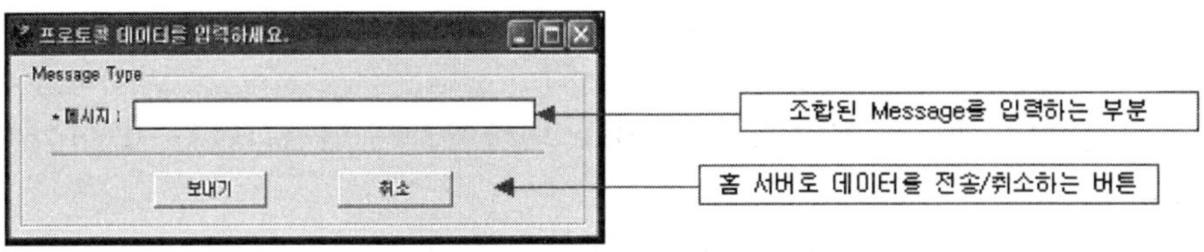

ex) 블라인드 디바이스에 STOP 명령을 내리려고 할 때

➡ Message 필드에 "set`Blind`Blind1`STOP" 데이터를 입력한 뒤 보내기 버튼을 선택한다.

4-1-2. HNSC 단축 메뉴 영역

1) 난방

- 초기 비활성 아이콘으로 되어 있으며 난방 디바이스가 연결되었을 때 아이콘이 활성화 된다.
- 아이콘 클릭 시 난방 디바이스의 팝업 창이 나타난다.
- 난방 디바이스 화면의 자세한 설명은 디바이스 화면구성을 참조.

2) 조명

- 초기 비활성 아이콘으로 되어 있으며 조명 디바이스가 연결되었을 때 아이콘이 활성화 된다.
- 아이콘 클릭 시 조명 디바이스의 팝업 창이 나타난다.
- 조명 디바이스 화면의 자세한 설명은 디바이스 화면구성을 참조.

3) 블라인드

- 초기 비활성 아이콘으로 되어 있으며 블라인드 디바이스가 연결되었을 때 아이콘이 활성화 된다.
- 아이콘 클릭 시 블라인드 디바이스의 팝업 창이 나타난다.
- 블라인드 디바이스 화면의 자세한 설명은 디바이스 화면구성을 참조.

4) 가스

- 초기 비활성 아이콘으로 되어 있으며 가스 디바이스가 연결되었을 때 아이콘이 활성화 된다.
- 아이콘 클릭 시 가스 디바이스의 팝업 창이 나타난다.
- 가스 디바이스 화면의 자세한 설명은 디바이스 화면구성을 참조.

5) 내장DI/DO

- 초기 비활성 아이콘으로 되어 있으며 내장DI/DO 디바이스가 연결되었을 때 아이콘이

활성화 된다.

- 아이콘 클릭 시 내장DI/DO 디바이스의 팝업 창이 나타난다.
- 내장DI/DO 디바이스 화면의 자세한 설명은 디바이스 화면구성을 참조.

4-1-3. 디바이스 이벤트 표시 영역

- 홈 서버와의 연결이 이뤄지고 난 뒤 디바이스에서 발생한 이벤트 로그가 표시되는 영역.
- 이벤트가 일어난 시각과 디바이스 명, 디바이스 포인트, 디바이스 변경된 값이 표시된다
- 로그 삭제 버튼을 선택하면 기존 로그는 삭제된다.

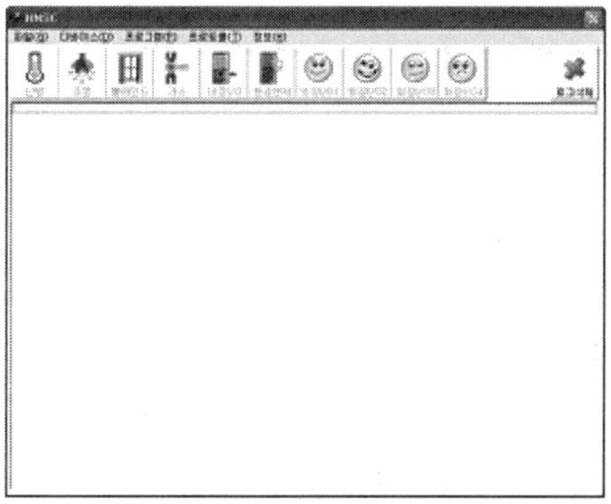

<홈 서버와 연결 전>

<홈 서버와 연결 후>

4-2 디바이스 화면 구성

4-2-1. 난방 화면 구성

- 홈 서버와 연결되어 있는 난방 디바이스의 개별 제어 & 모니터링 기능을 가지고 있는 화면.
- 난방 디바이스 화면은 최대 2대(Master 1대,Slave 1대)의 Room Control와 연동이 가능함.
- 난방 디바이스의 경우 디바이스의 상태 값이 변경되었을 때 자동으로 자신의 상태 값을 홈 서버로 전달함.

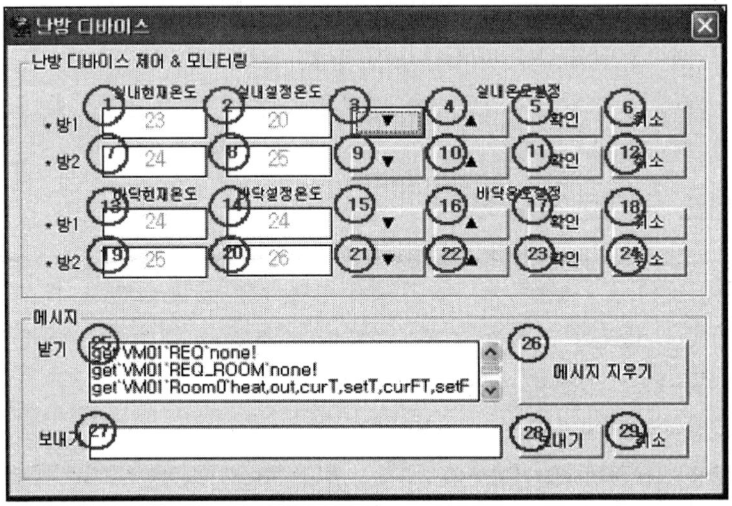

① 방1의 실내 현재 온도를 표시하는 부분.
② 방1의 실내 설정 온도를 표시하는 부분.
③ 방1의 실내 설정 온도를 1도씩 낮추는 버튼.
④ 방1의 실내 설정 온도를 1도씩 높이는 버튼.
⑤ 방1의 실내 설정 온도 데이터를 홈 서버로 전송하는 버튼.
⑥ 방1의 변경한 실내 설정 온도 데이터를 Reset 하는 버튼.
⑦ 방2의 실내 현재 온도를 표시하는 부분.
⑧ 방2의 실내 설정 온도를 표시하는 부분.
⑨ 방2의 실내 설정 온도를 1도씩 낮추는 버튼.
⑩ 방2의 실내 설정 온도를 1도씩 높이는 버튼.
⑪ 방2의 실내 설정 온도 데이터를 홈 서버로 전송하는 버튼.
⑫ 방2의 변경한 실내 설정 온도 데이터를 Reset 하는 버튼.
⑬ 방1의 바닥 현재 온도를 표시하는 부분.
⑭ 방1의 바닥 설정 온도를 표시하는 부분.
⑮ 방1의 바닥 설정 온도를 1도씩 낮추는 버튼.
⑯ 방1의 바닥설정 온도를 1도씩 높이는 버튼.
⑰ 방1의 바닥설정 온도 데이터를 홈 서버로 전송하는 버튼.
⑱ 방1의 변경한 바닥설정 온도 데이터를 Reset 하는 버튼.
⑲ 방2의 바닥 현재 온도를 표시하는 부분.
⑳ 방2의 바닥 설정 온도를 표시하는 부분.
㉑ 방2의 바닥 설정 온도를 1도씩 낮추는 버튼.

㉒ 방2의 바닥 설정 온도를 1도씩 높이는 버튼.
㉓ 방2의 바닥 설정 온도 데이터를 홈 서버로 전송하는 버튼.
㉔ 방2의 변경한 바닥 설정 온도 데이터를 Reset 하는 버튼.
㉕ 난방 디바이스의 이벤트 데이터가 표시되는 부분.
㉖ 이벤트 데이터를 삭제하는 버튼.
㉗ 제공된 프로토콜 문서를 참조하여 난방 디바이스의 Section Name, Key, Value 값을 Message Type으로 조합하여 입력하는 부분.
㉘ 조합된 메시지 타입의 명령을 홈 서버로 전송하는 버튼.
㉙ 입력된 메시지를 삭제하는 버튼.

4-2-2. 조명 화면 구성

- 홈 서버와 연결되어 있는 조명 디바이스의 개별 제어 & 모니터링 기능을 가지고 있는 화면.
- 조명 디바이스 화면은 최대 3 Channel 연동이 가능함.
- 조명의 경우 디바이스 상태 값을 요청했을 때만 현재 상태 데이터를 받을 수 있음.

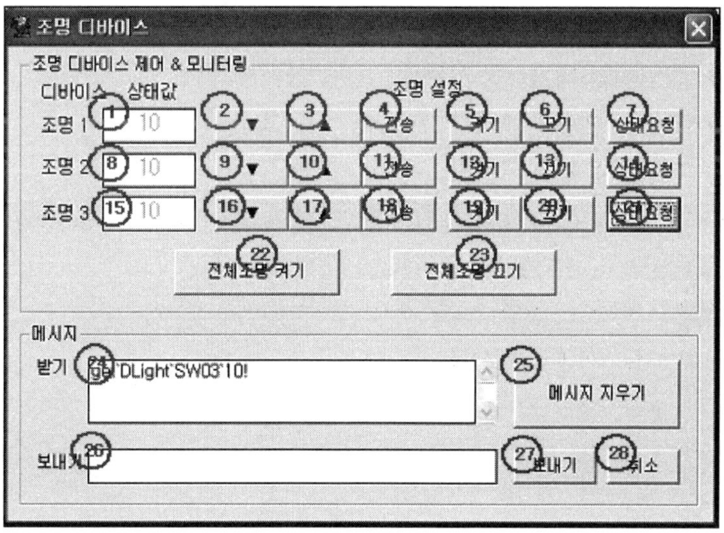

① 조명1의 현재 상태 값을 표시하는 부분.
② 조명1의 밝기를 1단계 낮추는 버튼.
③ 조명1의 밝기를 1단계 높이는 버튼.
④ 조명1의 밝기 데이터를 홈 서버로 전송하는 버튼.

⑤ 조명1의 켜기 데이터를 홈 서버로 전송하는 버튼.
⑥ 조명1의 끄기 데이터를 홈 서버로 전송하는 버튼.
⑦ 조명1의 현재 상태 값을 요청하는 버튼.
⑧ 조명2의 현재 상태 값을 표시하는 부분.
⑨ 조명2의 밝기를 1단계 낮추는 버튼.
⑩ 조명2의 밝기를 1단계 높이는 버튼.
⑪ 조명2의 밝기 데이터를 홈 서버로 전송하는 버튼.
⑫ 조명2의 켜기 데이터를 홈 서버로 전송하는 버튼.
⑬ 조명2의 끄기 데이터를 홈 서버로 전송하는 버튼.
⑭ 조명2의 현재 상태 값을 요청하는 버튼.
⑮ 조명3의 현재 상태 값을 표시하는 부분.
⑯ 조명3의 밝기를 1단계 낮추는 버튼.
⑰ 조명3의 밝기를 1단계 높이는 버튼.
⑱ 조명3의 밝기 데이터를 홈 서버로 전송하는 버튼.
⑲ 조명3의 켜기 데이터를 홈 서버로 전송하는 버튼.
⑳ 조명3의 끄기 데이터를 홈 서버로 전송하는 버튼.
㉑ 조명3의 현재 상태 값을 요청하는 버튼.
㉒ 전체 조명 켜기 데이터를 홈 서버로 전송하는 버튼.
㉓ 전체 조명 끄기 데이터를 홈 서버로 전송하는 버튼.
㉔ 조명 디바이스의 이벤트 데이터가 표시되는 부분.
㉕ 이벤트 데이터를 삭제하는 버튼.
㉖ 제공된 프로토콜 문서를 참조하여 조명 디바이스의 Section Name, Key, Value 값을 Message Type으로 조합하여 입력하는 부분.
㉗ 조합된 메시지 타입의 명령을 홈 서버로 전송하는 버튼.
㉘ 입력된 메시지를 삭제하는 버튼.

4-2-3. 블라인드 화면 구성

- 홈 서버와 연결되어 있는 블라인드 디바이스의 개별 제어 & 모니터링 기능을 가지고 있는 화면.
- 블라인드 디바이스 화면은 최대 1 Channel 연동이 가능함.
- 블라인드의 경우 디바이스 상태 값을 요청했을 때만 현재 상태 데이터를 받을 수 있음.

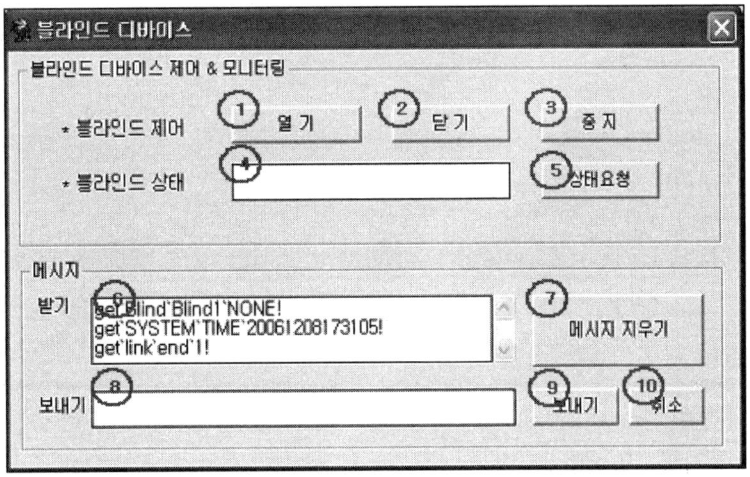

① 블라인드의 열기(올리기)를 요청하는 버튼.
② 블라인드의 닫기(내리기)를 요청하는 버튼.
③ 블라인드의 멈춤을 요청하는 버튼.
④ 현재 블라인드의 상태를 표시하는 부분.
⑤ 블라인드의 상태 값을 요청하는 버튼.
⑥ 블라인드 디바이스의 이벤트 데이터가 표시되는 부분.
⑦ 이벤트 데이터를 삭제하는 버튼.
⑧ 제공된 프로토콜 문서를 참조하여 블라인드 디바이스의 Section Name, Key, Value 값을 Message Type으로 조합하여 입력하는 부분.
⑨ 조합된 메시지 타입의 명령을 홈 서버로 전송하는 버튼.
⑩ 입력된 메시지를 삭제하는 버튼.

4-2-4. 가스 화면 구성

- 홈 서버와 연결되어 있는 가스 디바이스의 개별 제어 & 모니터링 기능을 가지고 있는

화면.

- 가스 디바이스의 경우 내장 DIDO에 연결되어 있음.
- 가스 디바이스의 경우 디바이스의 상태 값이 변경되었을 때 자동으로 자신의 상태 값을 홈 서버로 전달함.

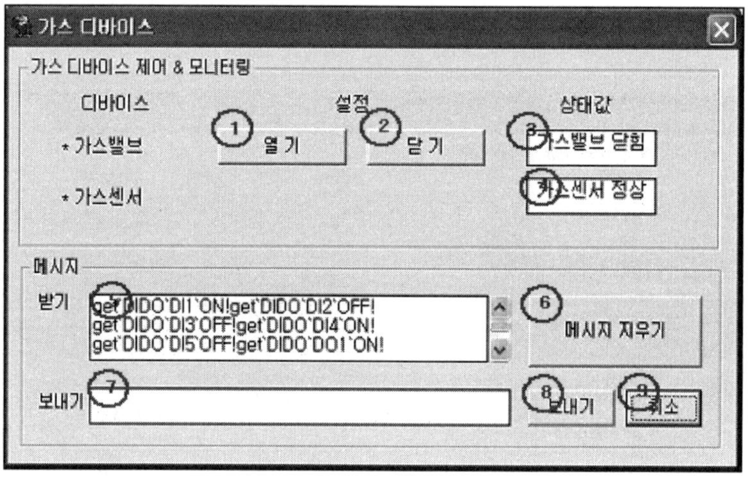

① 가스밸브 열기를 요청하는 버튼.
② 가스밸브 닫기를 요청하는 버튼.
③ 현재 가스밸브의 상태를 표시하는 부분.
④ 현재 가스센서의 상태를 표시하는 부분.
⑤ 가스 디바이스가 연결되어 있는 내장 DIDO 디바이스의 이벤트 데이터가 표시되는 부분.
⑥ 이벤트 데이터를 삭제하는 버튼.
⑦ 제공된 프로토콜 문서를 참조하여 내장 DIDO 디바이스의 Section Name, Key, Value 값을 Message Type으로 조합하여 입력하는 부분.
⑧ 조합된 메시지 타입의 명령을 홈 서버로 전송하는 버튼.
⑨ 입력된 메시지를 삭제하는 버튼.

4-2-5. 내장 DI/DO 화면 구성

- 홈 서버와 연결되어 있는 가스 디바이스의 개별 제어 & 모니터링 기능을 가지고 있는 화면.
- 가스 디바이스의 경우 내장 DIDO에 연결되어 있음.

- 가스 디바이스의 경우 디바이스의 상태 값이 변경되었을 때 자동으로 자신의 상태 값을 홈 서버로 전달함.

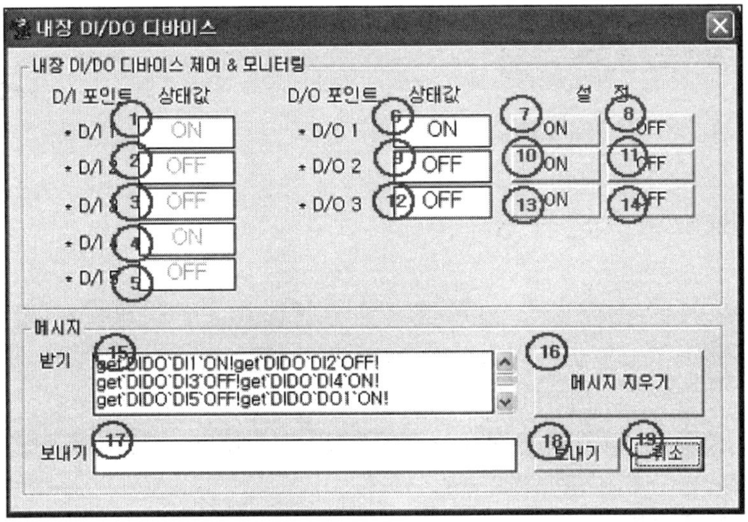

① 내장 DIDO 디바이스의 DI1의 상태를 표시하는 부분.
② 내장 DIDO 디바이스의 DI2의 상태를 표시하는 부분.
③ 내장 DIDO 디바이스의 DI3의 상태를 표시하는 부분.
④ 내장 DIDO 디바이스의 DI4의 상태를 표시하는 부분.
⑤ 내장 DIDO 디바이스의 DI5의 상태를 표시하는 부분.
⑥ 내장 DIDO 디바이스의 DO1의 상태를 표시하는 부분.
⑦ 내장 DIDO 디바이스의 DO1의 ON을 요청하는 버튼.
⑧ 내홈 DIDO 디바이스의 DO1의 OFF를 요청하는 버튼.
⑨ 내장 DIDO 디바이스의 DO2의 상태를 표시하는 부분.
⑩ 내장 DIDO 디바이스의 DO2의 ON을 요청하는 버튼.
⑪ 내장 DIDO 디바이스의 DO2의 OFF를 요청하는 버튼.
⑫ 내장 DIDO 디바이스의 DO3의 상태를 표시하는 부분.
⑬ 내장 DIDO 디바이스의 DO3의 ON을 요청하는 버튼.
⑭ 내장 DIDO 디바이스의 DO3의 OFF를 요청하는 버튼.
⑮ 내장 DIDO 디바이스의 이벤트 데이터가 표시되는 부분.
⑯ 이벤트 데이터를 삭제하는 버튼.
⑰ 제공된 프로토콜 문서를 참조하여 내장 DIDO 디바이스의 Section Name, Key, Value 값을 Message Type으로 조합하여 입력하는 부분.

⑱ 조합된 메시지 타입의 명령을 홈 서버로 전송하는 버튼.
⑲ 입력된 메시지를 삭제하는 버튼.

4-3 프로그램 화면 구성

4-3-1.Web Browser 화면 구성

- PC에 설치된 Web Server의 Web Page를 보기위한 프로그램으로 Sample Web Page를 참조 개발한 홈 네트워크 디바이스 연동 Web Service 개발 시 사용한다.

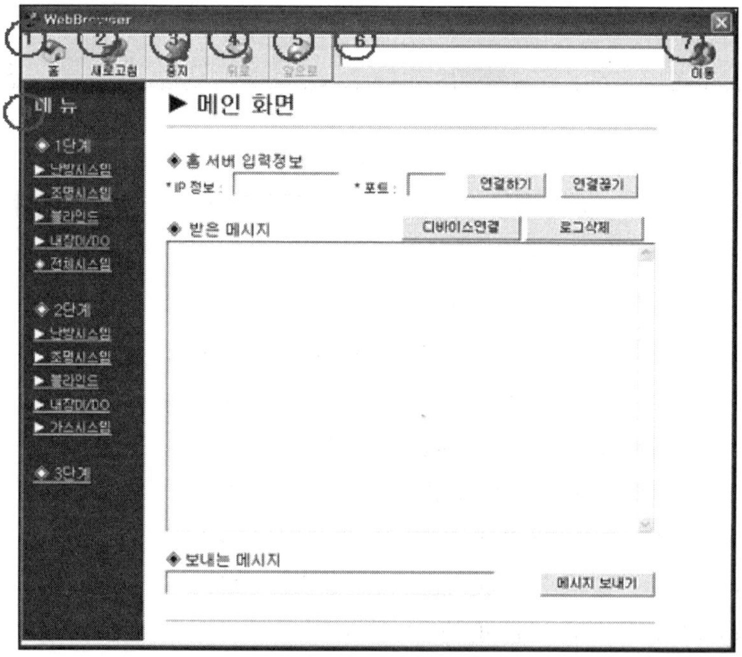

① PC의 내장 Web Server의 초기 상태로 가는 버튼.
② 일반 Web Browser의 새로고침 기능을 하는 버튼.
③ 일반 Web Browser의 중지 기능을 하는 버튼.
④ 일반 Web Browser의 뒤로 기능을 하는 버튼.
⑤ 일반 Web Browser의 앞으로 기능을 하는 버튼.
⑥ 일반 Web Browser의 URL 입력을 담당하는 부분.

⑦ 입력된 URL로 이동하는 버튼.
⑧ 요청한 Web Page를 표시하는 부분.

4-3-2. Mobile Browser 화면 구성

- PC에 설치된 Web Server의 Mobile Page를 보기위한 프로그램으로 Sample Mobile Page를 참조 개발한 홈 네트워크 디바이스 연동 Mobile Service 개발 시 사용한다.
- 프로그램 정식 명칭은 UP. Simulator Version 4.0
- Phone.com 이라는 회사에서 WML Script로 작업한 모바일 컨텐츠를 핸드폰상에서 사용하기 위해 개발한 Mobile Browser의 PC 개발용 시뮬레이터로 일반 핸드폰에 올라가 있는 WML 1.x 을 지원하는 Browser와 동일한 기능을 가지고 있음.

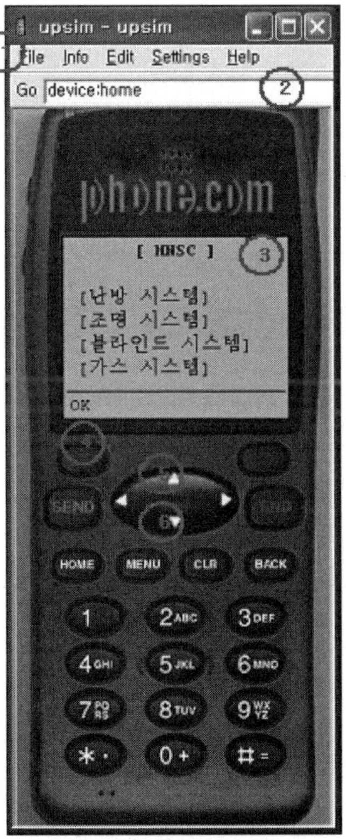

① 프로그램 접속 정보 및 환경설정 기능은 프로그램 인스톨 매뉴얼 참조.
② 접속 URL을 입력하는 부분으로 입력 후 키보드의 Enter키를 선택하면 해당 페이지로 이동한다.

③ 접속을 요청한 페이지의 화면이 표시되는 부분으로 한 화면에 6줄의 내용이 표시된다.

④ 버튼의 이름은 accept 버튼으로 현재 페이지에서 다른 페이지로 이동시 사용한다. 상하 버튼을 이용하여 화면의 선택 내용을 바꾼 뒤 이 버튼을 선택하면 해당 페이지로 이동한다. 키보드 Enter키로 사용을 대체할 수 있다.

⑤ 화면의 선택 내용을 한 단계 위 내용으로 바꾸는 버튼으로 키보드의 ↑버튼으로 사용을 대체할 수 있다.

⑥ 화면의 선택 내용을 한 단계 아래 내용으로 바꾸는 버튼으로 키보드의 ↓버튼으로 사용을 대체할 수 있다.

4-3-3. AcroEdit 화면 구성

- AcroEdit는 마이크로소프트 윈도(Windows 95 또는 이후 버전, Windows NT 4.0 또는 이후 버전) 환경에서 사용 가능한 프리웨어 텍스트 편집기 홈 서버와 연동하는 Web과 Mobile 서비스를 개발하기 위해 사용한다.
- 프로그램 정식 명칭은AcroEdit Version 0.9
- 제작사는 Acro Software Solutions이라는 회사임.
- AcroEdit의 자세한 사용방법은 데이터의 도움말을 참조.

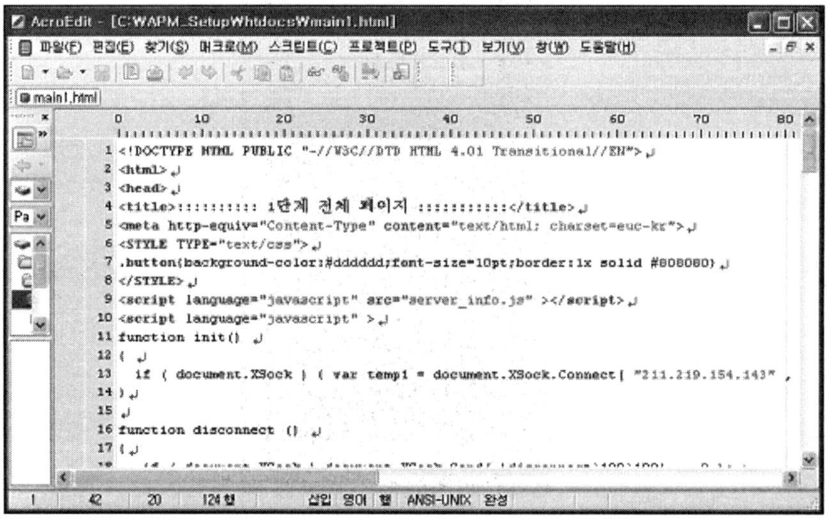

4-4 관리 프로그램 사용방법

4-4-1. 홈 서버 접속 방법

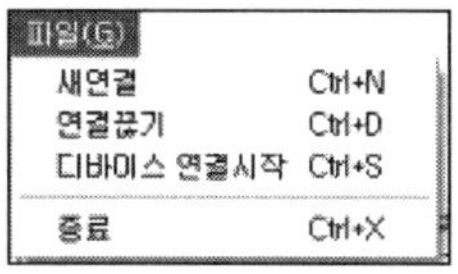

* 메뉴 -> 파일 -> 새 연결을 선택.

↓

* 접속할 홈 서버 IP 정보 입력.
* 접속할 홈 서버 포트정보 입력.
* 확인 버튼 선택.

↓

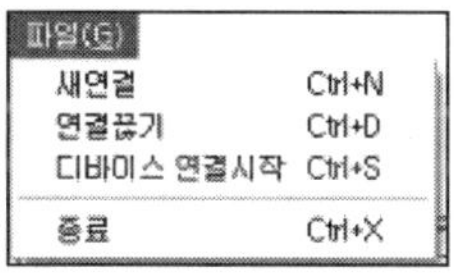

* 메뉴 -> 파일 -> 디바이스 연결시작 선택.

↓

* 홈 서버 연결의 연결 상태를 체크.

↓

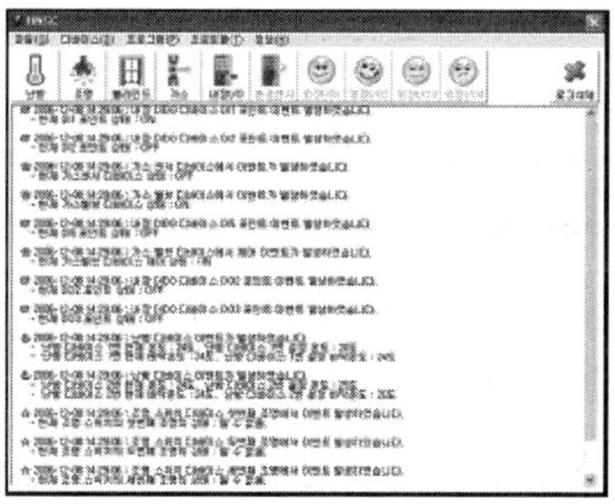

* 홈 서버와의 정상적인 연결에 성공함.

⬇

* 디바이스 or 프로토콜 or 단축 아이콘 메뉴를 사용하여 프로토콜 테스트를 진행한다.

4-4-2. 홈 서버 끊는 방법

* 메뉴 -> 파일 -> 연결 끊기 선택.

⬇

* 확인 버튼을 선택한다.
* 홈 서버와의 연결이 끊어진다.

4-4-3. 디바이스 이벤트 영역 이해

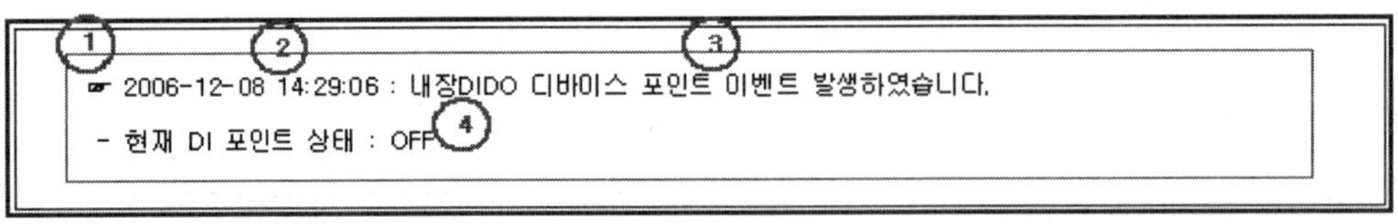

① 새로운 이벤트가 발생한 디바이스 로그의 시작점으로 디바이스별 기호가 다르다.
   - 내장 DIDO : ☞, 난방 : ♨, 가스 : ☏, 조명 : ☆, 블라인드 : ♧

② 이벤트 발생 시간을 나타낸다. 기준은 관리 프로그램이 설치되어 있는 PC의 Local Time을 기준으로 표시된다.
   - Format : 년-월-일 시:분:초

③ 이벤트가 발생한 디바이스 명을 표시한다.

④ 이벤트가 발생한 디바이스의 해당 포인트와 이벤트 결과 값을 표시한다.

제15장 각 디바이스 WEB PAGE 만들기

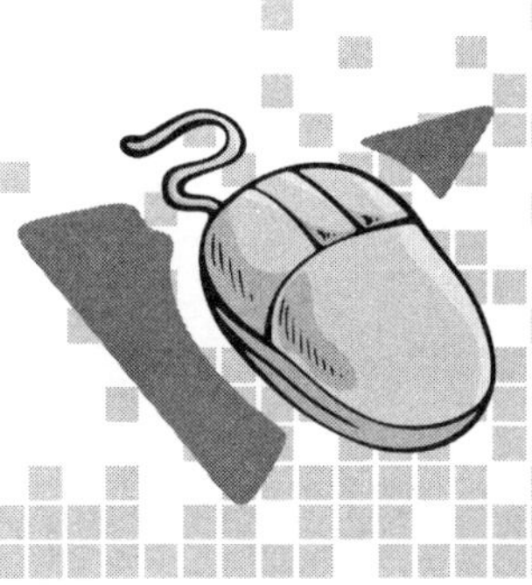

5-1 조명 디바이스 WebPage 화면 구성

5-1-1 조명 Web Page 1단계

* 학습목표
- 2장 항목에서 익히 HTML 태그를 이용하여 조명 디바이스 HTML 문서를 작성해 본다.
- 2장 항목에서 익히 JavaScript 문법을 사용하여 조명 디바이스 HTML 문서를 작성해 본다.
- Active-X를 이용한 조명 디바이스 Socket 통신 HTML 문서 작성해 본다.

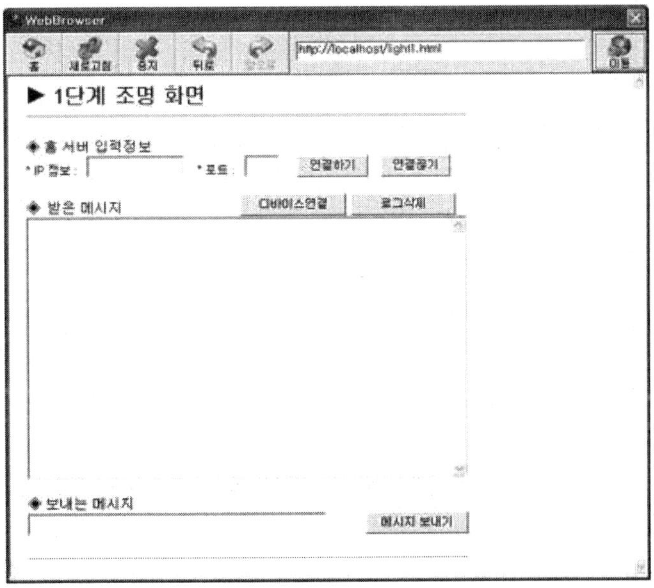

1) 소스 작성-1

① 아래와 같은 내용의 소스를 AcroEdit로 작성한다.

```
<!DOCTYPE HTML PUBLIC "-//W3C//DTD HTML 4.01 Transitional//EN">

<html>
<head>
<title>:::::::::: 1단계 조명 페이지 ::::::::::</title>
<meta http-equiv="Content-Type" content="text/html; charset=euc-kr">
<STYLE TYPE="text/css">
.button{background-color:#dddddd;font-size=10pt;border:1x solid #808080}
</STYLE>

<script language="javascript" src="server_info.js" > </script>
<script language="javascript" >
</script>

</head>
```

```
<body leftmargin=20 topmargin=10 >

<table width=470 border=0 cellspacing=0 cellpadding=0>
  <tr>
    <td valign=absmiddle> <font face="Arial, Helvetica, sans-serif" size=5 >
      ▶ 1단계 조명 화면  </font>  </td>
  </tr>
  <tr> <td> <hr> </td> </tr>
</table>

<table width=470 border=0 cellspacing=0 cellpadding=0>
 <tr> <td> <hr style="WIDTH: 500px; HEIGHT: 2px" align=left SIZE=2> </td> </tr>
</table>

</body>
</html>
```

② C: \APM_Setup \htdocs \test 폴더에 light_1.html 이름으로 저장한다.

③ Web Browser로 http://localhost/test/light_1.html 접속하여 아래와 같은 화면을 확인한다.

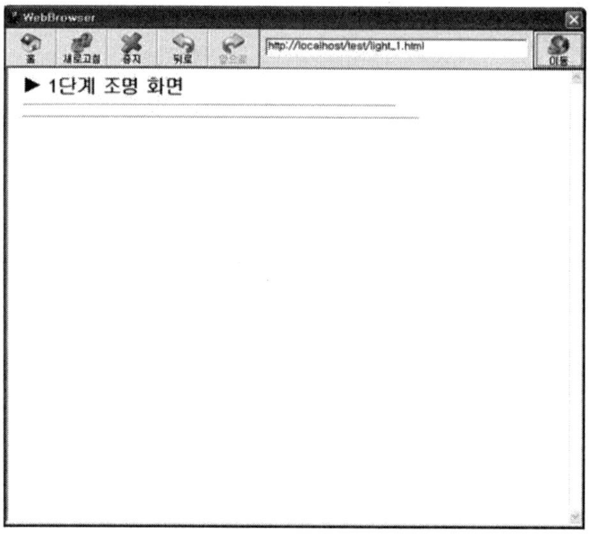

2) 소스 해설-1

```
<!DOCTYPE HTML PUBLIC "-//W3C//DTD HTML 4.01 Transitional//EN">
<html>
<head>
<title>:::::::::: 1단계 조명 페이지 ::::::::::</title>
<meta http-equiv="Content-Type" content="text/html; charset=euc-kr">
<STYLE TYPE="text/css">
.button{background-color:#dddddd;font-size=10pt;border:1x solid #808080}
</STYLE>
<script language="javascript" src="server_info.js" > </script>
<script language="javascript" >
</script>
</head>
<body leftmargin=20 topmargin=10 >

<table width=470 border=0 cellspacing=0 cellpadding=0>
  <tr>
    <td valign=absmiddle>
      <font face="Arial, Helvetica, sans-serif" size=5 > ▶ 1단계 조명 화면  </font>  </td>
  </tr>
  <tr> <td> <hr> </td> </tr>
</table>
<table width=470 border=0 cellspacing=0 cellpadding=0>
 <tr> <td> <hr style="WIDTH: 500px; HEIGHT: 2px" align=left SIZE=2> </td> </tr>
</table>
</body>
</html>
```

➡ 1 : W3C에서 인증한 HTML 4.0버전을 사용했다는 뜻으로 생략해도 상관없습니다.
➡ 2 : HTML 문서의 시작을 의미합니다.
➡ 3 : 문서의 head 태그 시작을 의미합니다. head 태그 내에 JavaScript 태그와 title 태그, 스타일 시트 태그들이 들어갑니다.
➡ 4 : HTML 문서의 제목을 쓰는 부분입니다. 이곳에 들어간 제목은 HTML 문서를 실행했을 때 웹 브라우저의 상단 제목 표시줄에 나타나게 됩니다. title Tag는 반드시 head Tag내에 써줘야 합니다.
➡ 5 : HTML 문서의 정보를 담아놓는 메타 태그로 여기서는 문서가 한글로 작성되었다는 것을 의미 합니다.
➡ 6 : 스타일 시트의 시작을 의미하는 태그로 것으로 스타일 시트란 폰트나 버튼의 스타일을 미리 head 부분 또는 다른 문서로 정의하여 HTML 문서내의 폰트나 버튼 등에 사용하는 것이다.
➡ 9 : 외부의 server_info.js 파일을 HTML 문서 내에서 JavaScript 파일로 사용함을 의미합니다.
➡ 10 : HTML 문서에서 사용할 JavaScript 내용의 시작을 의미합니다.
➡ 11 : JavaScript 내용의 끝을 의미합니다.
➡ 12 : head 태그의 끝을 의미합니다.
➡ 13 : body 태그의 시작을 의미합니다.
➡ 14 : table 태그의 시작을 의미합니다. Table 의 사이즈는 470 픽셀, 선의 굵기와 여백 값은 0으로 설정.
➡ 15 : tr 태그의 시작을 의미합니다.
➡ 16 : td 태그의 시작을 의미합니다. 셀 속성 절대 가운데 정렬.
➡ 17 : font 태그의 시작과 끝을 의미합니다. td 태그의 끝을 의미합니다.
➡ 18 : td 태그의 끝을 의미합니다.
➡ 19 : 수평선 태그 hr 태그의 시작을 의미합니다.
➡ 20 : table 태그 끝을 의미합니다.
➡ 21 : table 태그의 시작을 의미합니다. Table 의 사이즈는 470 픽셀, 선의 굵기와 여백 값은 0으로 설정.
➡ 22 : 사이즈가 500 픽셀인 수평선 태그 hr 태그의 시작을 의미합니다.
➡ 23 : table 태그 끝을 의미합니다.
➡ 24 : body 태그의 끝을 의미합니다.
➡ 25 : HTML 문서의 끝을 의미합니다.

3) 소스 작성-2

① 기존 light_1.html 소스 중 <body></body>의 내용을 삭제한다.

```
<body leftmargin=20 topmargin=10 >

<table width=470 border=0 cellspacing=0 cellpadding=0>
  <tr>
    <td valign=absmiddle> <font face="Arial, Helvetica, sans-serif" size=5 >
      ▶ 1단계 조명 화면  </font>  </td>
  </tr>
  <tr> <td> <hr> </td> </tr>
</table>

<table width=470 border=0 cellspacing=0 cellpadding=0>
 <tr> <td> <hr style="WIDTH: 500px; HEIGHT: 2px" align=left SIZE=2> </td> </tr>
</table>

</body>
</html>
```

② 기존 light_1.html 소스 중 <body></body>부분에 아래 내용을 추가한다.

```
<table cellSpacing  =0 cellPadding=0 width=500 border=0 background="">
  <tr>
    <td align=left> <font face="Arial, Helvetica, sans-serif" size=5 > <FONT size=5> </FONT>
      ▶ 1단계 조명 화면 </font>  </td>
  </tr>
  <tr> <td> <hr style="WIDTH: 500px; HEIGHT: 2px" align=left SIZE=2> </td> </tr>
  <tr> <td>  </td> </tr>
  <tr> <td valign=absmiddle> <font face="Arial, Helvetica, sans-serif" size=3 >
      ◈ 홈 서버 입력정보 </font>  </td>
  </tr>
  <tr>
    <td>
      <p align=left>
        <font face=Arial size=2> * IP 정보 :</font>  
        <input name = txtIp style = "WIDTH: 110px; HEIGHT: 25px" size =4>  
        <font face=Arial size=2> * 포트 :</font> </FONT>  
        <input name = txtPort style = "WIDTH: 40px; HEIGHT: 25px" size =4>   
        <input name=btnconnect style="WIDTH: 80px; HEIGHT: 25px" type=button size=25 value=
        연결하기 OnClick='connect();'>   
        <input name=btndisconnect style="WIDTH: 79px; HEIGHT: 25px" type=button size=25 value=
        연결끊기 OnClick='disconnect();'>
      </p>
    </td>
  </tr>
  <tr> <td> <br> </td> </tr>
  <tr>
    <td>
    <font face=Arial size=3 > ◈  받은 메시지       
                  
             </font>
```

```
  <input name=btnlink style="WIDTH: 120px; HEIGHT: 25px" type=button size=41 value="디바이스연결"
  OnClick='check();'>

  <input name=btnclear style="WIDTH: 120px; HEIGHT: 25px" type=button size=41 value="로그삭제"
  OnClick='logdel();'>

 <TEXTAREA style="WIDTH: 500px; HEIGHT: 300px" name=resultMsg rows=1 readOnly cols=50>
 </TEXTAREA> 
</td>
</tr>
<tr> <td> <br> </td> </tr>
<tr>
  <td>
   <font face=Arial size=3 >   ◈ 보내는 메시지</font>
   <input name = txtmsg style = "WIDTH: 338px; HEIGHT: 25px" size =2>    
        <INPUT style="WIDTH: 117px; HEIGHT: 25px"
   onclick=SendMessage(txtmsg.value); type=button size=39 value="메시지 보내기" name=btnsend>
  </td>
</tr>
</table>

<br>

<table width=470 border=0 cellspacing=0 cellpadding=0>
  <tr> <td> <hr style="WIDTH: 500px; HEIGHT: 2px" align=left SIZE=2> </td> </tr>
</table>

<div id='ActiveX' style="Z-INDEX: 1; LEFT: 0px; VISIBILITY: hidden; WIDTH: 300px; POSITION: absolute;
TOP: 0px; HEIGHT: 50px">
<table bgcolor="#ffffff" width=400 height=50 border=0 cellpadding=0 cellspacing=0 >
<tr> <td valign=top >
   <OBJECT id=XSock codeBase=./XSockClient.cab height=10 width=10
    align=center classid=clsid:2328F294-DD85-11D3-B4AF-00C04F2B300E>
   <PARAM NAME="_Version" VALUE="65536">
   <PARAM NAME="_ExtentX" VALUE="265">
   <PARAM NAME="_ExtentY" VALUE="265">
   <PARAM NAME="_StockProps" VALUE="0">
   <PARAM NAME="LocalAddress" VALUE="">
   <PARAM NAME="LocalPort" VALUE="0">
   <PARAM NAME="NullTerminate" VALUE="-1">
   <PARAM NAME="ReceiveBufferCount" VALUE="4096">
   <PARAM NAME="SendMsg" VALUE="">
   <PARAM NAME="SendLen" VALUE="0">
   <PARAM NAME="RecvBuf" VALUE="h숇&#1;??EM`TIME`20061206102217!">
   </OBJECT>
 </td> </tr>
</table>
</div>
```

③ C: \APM_Setup \htdocs \test 폴더에 light_2.html 이름으로 저장한다.

④ Web Browser로 http://localhost/test/light_2.html 접속하여 아래와 같은 화면을 확인한다.

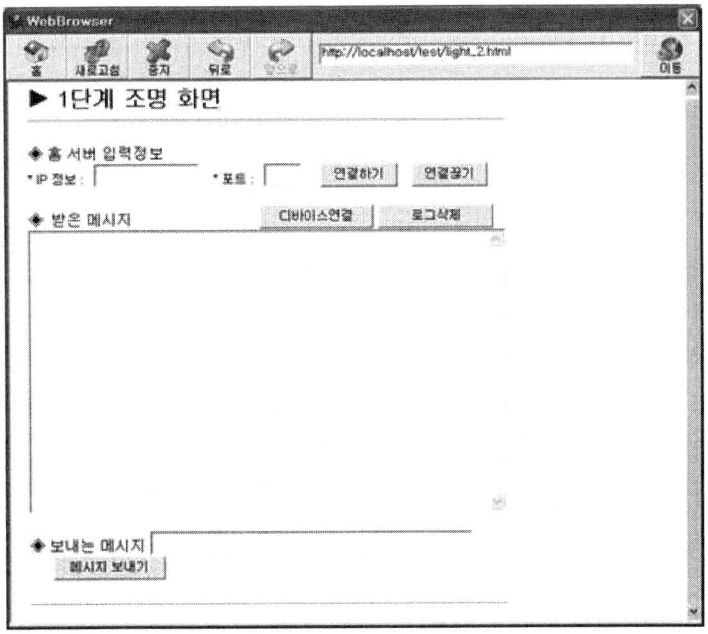

4) 소스 해설-2

```
<table cellSpacing  =0 cellPadding=0 width=500 border=0 background="">
 <tr>
   <td align=left> <font face="Arial, Helvetica, sans-serif" size=5 > <FONT size=5> </FONT>
     ▶ 1단계 조명 화면 </font>  </td>
 </tr>
 <tr> <td> <hr style="WIDTH: 500px; HEIGHT: 2px" align=left SIZE=2> </td> </tr>
 <tr> <td> </td> </tr>
  <tr> <td valign=absmiddle> <font face="Arial, Helvetica, sans-serif" size=3 >
     ◈ 홈 서버 입력정보 </font>  </td>
  </tr>
```

```
<tr>
  <td>
    <p align=left>
      <font face=Arial size=2>* IP 정보 :</font> 
      <input name = txtIp style = "WIDTH: 110px; HEIGHT: 25px" size =4>  
      <font face=Arial size=2>* 포트 :</font> </FONT> 
      <input name = txtPort style = "WIDTH: 40px; HEIGHT: 25px" size =4>   
      <input name=btnconnect style="WIDTH: 80px; HEIGHT: 25px" type=button size=25 value=
      연결하기 OnClick='connect();'>  
      <input name=btndisconnect style="WIDTH: 79px; HEIGHT: 25px" type=button size=25 value=
      연결끊기 OnClick='disconnect();'>
    </p>
  </td>
</tr>
<tr> <td> <br> </td> </tr>
<tr>
  <td>
  <font face=Arial size=3 > ◈  받은 메시지      
               
           </font>
<input name=btnlink style="WIDTH: 120px; HEIGHT: 25px" type=button size=41 value=
"디바이스연결" OnClick='check();'>
  <input name=btnclear style="WIDTH: 120px; HEIGHT: 25px" type=button size=41 value=
"로그삭제" OnClick='logdel();'>
<TEXTAREA style="WIDTH: 500px; HEIGHT: 300px" name=resultMsg rows=1 readOnly cols=50>
 </TEXTAREA> 
</td>
</tr>
<tr> <td> <br> </td> </tr>
```

```
<tr>
  <td>
   <font face=Arial size=3 >    ◈ 보내는 메시지</font>
   <input name = txtmsg style = "WIDTH: 338px; HEIGHT: 25px" size =2>   
        
   <input style="WIDTH: 117px; HEIGHT: 25px" onclick=SendMessage(txtmsg.value); type=button
    size=39 value="메시지 보내기" name=btnsend>
  </td>
 </tr>
 </table>
<br>
<table width=470 border=0 cellspacing=0 cellpadding=0>
  <tr> <td> <hr style="WIDTH: 500px; HEIGHT: 2px" align=left SIZE=2> </td> </tr>
</table>
<div id='ActiveX' style="Z-INDEX: 1; LEFT: 0px; VISIBILITY: hidden; WIDTH: 300px; POSITION:
 absolute;TOP: 0px; HEIGHT: 50px">
<table bgcolor="#ffffff" width=400 height=50 border=0 cellpadding=0 cellspacing=0 >
<tr> <td valign=top >
   <OBJECT id=XSock codeBase=./XSockClient.cab height=10 width=10
    align=center classid=clsid:2328F294-DD85-11D3-B4AF-00C04F2B300E>
   <PARAM NAME="_Version" VALUE="65536">
   <PARAM NAME="_ExtentX" VALUE="265">
   <PARAM NAME="_ExtentY" VALUE="265">
   <PARAM NAME="_StockProps" VALUE="0">
   <PARAM NAME="LocalAddress" VALUE="">
   <PARAM NAME="LocalPort" VALUE="0">
   <PARAM NAME="NullTerminate" VALUE="-1">
   <PARAM NAME="ReceiveBufferCount" VALUE="4096">
   <PARAM NAME="SendMsg" VALUE="">
   <PARAM NAME="SendLen" VALUE="0">
   <PARAM NAME="RecvBuf" VALUE="h흷&#1;??EM`TIME`20061206102217!">
   </OBJECT>
 </td> </tr>
 </table>
 </div>
```

- ➡ 1 : table 태그의 시작을 의미합니다. Table 의 사이즈는 500 픽셀, 선의 굵기와 여백 값은 0으로 설정.
- ➡ 3 : align=left 는 셀 안쪽 내용의 왼쪽 정렬을 의미합니다.
- ➡ 6 : 사이즈가 500 픽셀인 수평선 태그를 의미합니다.
- ➡ 13 : 문단 내 내용의 왼쪽 정렬을 의미합니다.
- ➡ 15 : 이름이 txtIp라는 TextBox를 의미합니다.
- ➡ 17 : 이름이 txtPort라는 TextBox를 의미합니다.
- ➡ 18 : 이름이 btnconnect 이고 클릭 했을 때 JavaScript 함수 중 connect() 함수를 실행하는 버튼을 의미합니다.
- ➡ 19 : 이름이 btndisconnect 이고 클릭 했을 때 JavaScript 함수 중 disconnect() 함수를 실행하는 버튼을 의미합니다.
- ➡ 20 : 문단의 끝을 의미합니다.
- ➡ 26 : 이름이 btnlink 이고 클릭 했을 때 JavaScript 함수 중 check() 함수를 실행하는 버튼을 의미합니다.
- ➡ 27 : 이름이 btnclear 이고 클릭 했을 때 JavaScript 함수 중 logdel() 함수를 실행하는 버튼을 의미합니다.
- ➡ 28 : 이름이 resultMsg 이고 읽기 전용 속성이 걸린, 넓이 500 픽셀, 높이 300 픽셀인 Textarea을 의미합니다.
- ➡ 35 : 이름이 txtmsg라는 TextBox를 의미합니다.
- ➡ 36 : 이름이 btnsend 이고 클릭 했을 때 JavaScript 함수 중 SendMessage() 함수를 실행하는 버튼을 의미합니다.
- ➡ 44 : 블록 설정의 시작을 의미합니다. 이 블록은 보이지 않기 옵션이 설정 되었는데 이 블록 안의 내용을 보기 위해서는 VISIBILITY:visible로 변경하면 됩니다. 이 블록의 위치는 절대 좌표로 위치합니다.
- ➡ 45 : table의 시작을 의미하며 속성으로 table의 백그라운드와 넓이와 높이 선의 굵기가 설정되었습니다.
- ➡ 46 : valign=top 는 맨 위 정렬을 의미합니다.
- ➡ 47 : Socket 통신 용도의 id가 XSock 인 Active-X를 의미합니다.
- ➡ 50 : "Active-X" id로 그룹 지어진 태그의 끝을 의미합니다.

5) 소스 작성-3

① 기존 light_2.html 소스 중 <script language="javascript" ></script>에 아래 내용을 추가한다.

```
function disconnect ()
{
                    if ( document.XSock ) document.XSock.Send( 'disconnect`100`100' , 0 );
                    if (document.XSock ) document.XSock.Close();
}

function connect ()
{
    if (txtIp.value =="" || txtPort.value =="")
    {
        alert("입력 정보를 더 넣어주세요.");
     }
    else if ( document.XSock )
    {
        var temp1 = document.XSock.Connect( txtIp.value, txtPort.value  );
        var server_ip = txtIp.value;
        var server_port = txtPort.value;
    }
}

function check ()
{
        document.all.resultMsg.value = "메시지 받기 시작" ;
        if ( document.XSock ) { document.XSock.Send( "link`section_name=DLight" , 0 ); }
}

function logdel ()
{
        document.all.resultMsg.value = "" ;
}

function SendMessage ( msg )
{
        if ( document.XSock ) { document.XSock.Send( msg , 0 ); }
}

<script language="Javascript" FOR="XSock"  EVENT="OnReceive( lpData, nBuffLen )" >

        var token = lpData.split("!");
        var count = 0 ;
        for( ; count < token.length; count ++ )
        {
          if(token[count] == "")
          {
          }
          else
          {
            document.all.resultMsg.value = document.all.resultMsg.value + "₩n" + token[count] ;
          }
        }
</script>
```

② C: \APM_Setup \htdocs \test 폴더에 light_3.html 이름으로 저장한다.

③ Web Browser로 http://localhost/test/light_3.html 접속하여 아래와 같은 화면을 확인한다.

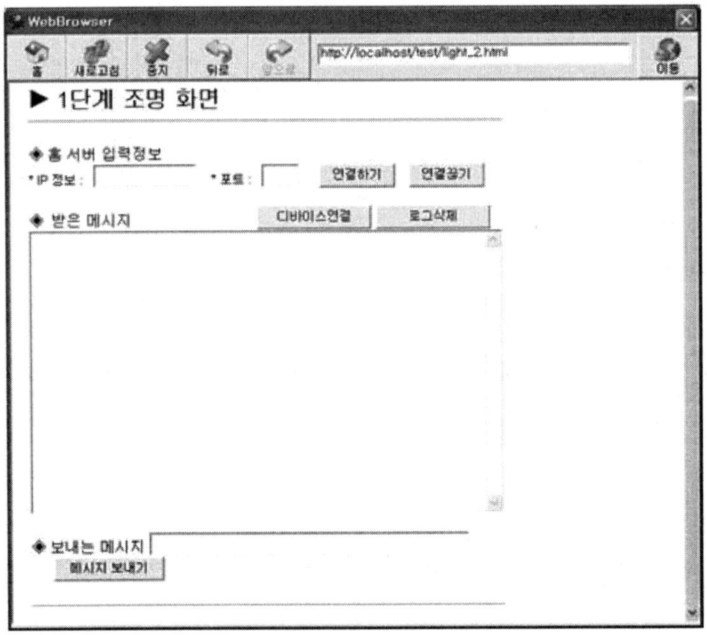

6) 소스 해설-3

```
function disconnect ()
{
    if ( document.XSock ) document.XSock.Send( 'disconnect`100`100' , 0 );

    if (document.XSock ) document.XSock.Close();

}

function connect ()
{
   if (txtIp.value =="" || txtPort.value =="")
   {

      alert("입력 정보를 더 넣어주세요.");

   }

   else if ( document.XSock )
   {
```

```
9          var temp1 = document.XSock.Connect( txtIp.value, txtPort.value  );
10         var server_ip = txtIp.value;
11         var server_port = txtPort.value;
       }
   }
12 function check ()
   {
13         document.all.resultMsg.value = "메시지 받기 시작" ;
14         if ( document.XSock ) { document.XSock.Send( "link`section_name=DLight" , 0 ); }
   }
15 function logdel ()
   {
16         document.all.resultMsg.value = "" ;
   }
17 function SendMessage ( msg )
   {
18         if ( document.XSock ) { document.XSock.Send( msg , 0 ); }
   }

19 <script language="Javascript" FOR="XSock"  EVENT="OnReceive( lpData, nBuffLen )" >
20         var token = lpData.split("!");
21         var count = 0 ;
22         for( ; count < token.length; count ++ )
           {
23           if(token[count] == "")
             {
             }
24           else
             {
25             document.all.resultMsg.value = document.all.resultMsg.value + "₩n" + token[count] ;
             }
           }
26 </script>
```

➡ 1 : 홈 서버 소켓통신 연결을 끊는 사용자 정의 함수의 시작을 의미합니다.

➡ 2 : HTML 문서 내 소켓 통신을 할 수 있는 XSock Active-X객체가 존재하는 경우 이 Active-X의 Send 명령 함수(메서드)를 사용하여 소켓 통신이 연결되어 있는 홈 서버에 소켓통신 연결끊기 프로토콜 데이터인 "disconnect`100`100`" 메시지를 보내라는 것을 의미합니다.

➡ 3 : Xsock Active-X의 Close 메서드를 사용하여 홈 서버와의 소켓 연결을 닫는 것을 의미합니다.

➡ 5 : 홈 서버와 소켓통신을 연결하는 사용자 정의 함수의 시작을 의미합니다.
➡ 6 : txtIp, txtPort라는 이름을 가진 TextBox의 내용에 빈 내용이 있는 경우의 조건을 의미합니다.
➡ 7 : " 입력 정보를 더 넣어주세요 "라는 내용으로 경고창을 띄우는 것을 의미합니다.
➡ 8 : 소켓 객체의 존재 유무의 조건을 의미합니다.
➡ 9 : XSock Active-X의 Connect 메서드를 사용하여 txtIp와 txtPort TextBox에 입력한 홈 서버에 소켓을 연결 하라는 것을 의미합니다.
➡ 10 : 변수 server_ip에 txtIp TextBox에 입력한 정보를 대입하는 것을 의미합니다.
➡ 11 : 변수 server_port에 txtPort TextBox에 입력한 정보를 대입하는 것을 의미합니다.
➡ 12 : 조명의 상태를 체크하는 사용자 정의 함수의 시작을 의미합니다.
➡ 13 : resultMsg라는 이름의 TextArea에 "메시지 받기 시작"이란 내용을 추가하라는 의미입니다.
➡ 14 : XSock Active-X의 Send 메서드를 사용하여 조명 디바이스와의 소켓 통신 시작을 의미하는 프로토콜인 "link`section_name=DLight" 메시지를 보내라는 것을 의미합니다.
➡ 15 : Log 데이터의 삭제를 위한 사용자 정의 함수의 시작을 의미합니다.
➡ 16 : resultMsg라는 이름의 TextArea의 내용에 빈 내용을 대입하는 것을 의미합니다.
➡ 17 : 홈 서버로 데이터를 전송하기 위한 사용자 정의 함수의 시작을 의미합니다.
➡ 18 : XSock Active-X의 Send 메서드를 사용하여 홈 서버로 msg 내용을 보내라는 것을 의미합니다.
➡ 19 : XSock Active-X를 통해 홈 서버로부터 받은 데이터를 처리하는 JavaScript 부분의 시작을 의미합니다.
➡ 20 : XSock Active-X를 통해 홈 서버로부터 받은 데이터를 "!"를 기준으로 분리하여 token 배열에 대입하는 것을 의미합니다.
➡ 21 : 변수 count의 값에 0을 대입하는 것을 의미합니다.
➡ 22 : token 배열의 수 만큼 for 문을 돌리는 것을 의미합니다.
➡ 23 : token 배열에 내용이 없다는 조건을 의미합니다.
➡ 24 : token 배열에 내용이 있는 경우의 조건을 의미합니다.
➡ 25 : resultMsg라는 이름의 TextArea의 기존 데이터에 새로 token 배열에 들어있는 내용과 행바꿈("₩n")을 추가 대입하라는 것을 의미합니다.
➡ 26 : XSock Active-X를 통해 홈 서버로부터 받은 데이터를 처리하는 JavaScript 부분의 끝을 의미합니다.

5-1-2 조명 Web Page 2단계

*** 학습목표**

- 새로 추가된 Table과 버튼 태그를 적용한 조명 디바이스 HTML 문서를 작성해 본다.
- JavaScript 사용자 함수를 작성하여 원하는 조명 스위치를 원하는 형태로 제어하는 HTML 문서를 작성해 본다.
- 소켓 통신을 통해 받은 데이터를 분석하여 원하는 형태로 Display 하는 조명 디바이스 HTML 문서를 작성해 본다.

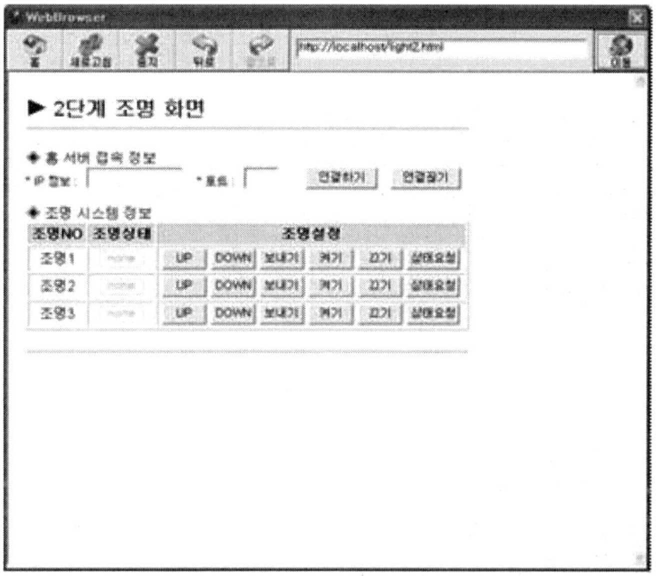

1) 소스 작성-1

① 아래와 같은 내용의 소스를 AcroEdit로 작성한다.

```
<!DOCTYPE HTML PUBLIC "-//W3C//DTD HTML 4.01 Transitional//EN">
<html>
<head>
<title>:::::::::: 2단계 조명 페이지 ::::::::::</title>
<meta http-equiv="Content-Type" content="text/html; charset=euc-kr">
<STYLE TYPE="text/css">
.button{background-color:#dddddd;font-size=10pt;border:1x solid #808080}
.box1{ background-color:#FFFFFF; border:1x solid #D5D4D5; font-family:??; font-size:10pt; TEXT-A
LIGN: LEFT;}
```

```
.box2{ background-color:#FFFFFF; border:1x solid #D5D4D5; font-family:??;font-size:10pt; TEXT-A
LIGN: CENTER;}
</STYLE>
</head>
<body leftmargin=20 topmargin=30 >
<table width=470 border=0 cellspacing=0 cellpadding=0>
  <tr>
```

```
    <td align=left> <font face="Arial, Helvetica, sans-serif" size=5 >
    ▶ 2단계 조명 화면 </font>  </td>
  </tr>
  <tr> <td> <hr style="WIDTH: 500px; HEIGHT: 2px" align=left SIZE=2> </td> </tr>
</table>
<br>
◈ 홈 서버 접속 정보 
<table width=500 border=0 cellspacing=0 cellpadding=0>
  <tr>
    <td>
      <p align=left>
       <font face=Arial size=2>* IP 정보 :</font> 
       <input name = txtIp style = "WIDTH: 110px; HEIGHT: 25px" size =4>  
       <font face=Arial size=2>* 포트 :</font> </FONT> 
       <input name = txtPort style = "WIDTH: 40px; HEIGHT: 25px" size =4>     
       <input name=btnconnect style="WIDTH: 80px; HEIGHT: 25px" type=button size=25 value=연결하기
       OnClick='init();'>  
       <input name=btndisconnect style="WIDTH: 79px; HEIGHT: 25px" type=button size=25 value=
      연결끊기 OnClick='disconnect();'>
      </p>
    </td>
  </tr>
  <tr> <td> </td> </tr>
</table>
<br>
◈ 조명 시스템 정보 
<table width= 500 border=1 cellpadding=2 cellspacing=2 >
  <tr>
    <td CLASS=cellstyle1 ALIGN=middle BGCOLOR=#dddddd> <STRONG> <FONT face=굴림> 조명NO
     </FONT> </STRONG> </td>
    <td CLASS=cellstyle1 ALIGN=middle BGCOLOR=#dddddd> <STRONG> <FONT face=굴림> 조명상태
     </FONT> </STRONG> </td>
    <td CLASS=cellstyle1 ALIGN=middle BGCOLOR=#dddddd> <STRONG> <FONT face=굴림> 조명설정
     </FONT> </STRONG> </td>
  </tr>
 <tr>
    <td ALIGN=middle> <FONT face=Arial> 조명1</FONT> </td>
    <td ALIGN=middle> <FONT face=Arial> <INPUT NAME=txtSW1 style="WIDTH: 50px; HEIGHT: 20px"
    CLASS=box2 VALUE="none" size=2 disabled> </FONT>
    <td ALIGN=middle>
      <input style="FONT-SIZE: x-small; WIDTH: 50px; HEIGHT: 24px" type=button size=13 value=UP
       name=btnup1 onclick='Calculate("up1");'>
      <input style="FONT-SIZE: x-small; WIDTH: 50px; HEIGHT: 24px" type=button size=13
      value=DOWN name=btndn1 onclick='Calculate("dn1");'>
      <input style="FONT-SIZE: x-small; WIDTH: 50px; HEIGHT: 24px" type=button size=13 value=
      보내기 name=btnok1 onclick='MakeValue("cmd1");'>
      <input style="FONT-SIZE: x-small; WIDTH: 50px; HEIGHT: 24px" type=button size=13 value=
      켜기 name=btnon1 onclick='SendOn("on1");'>
      <input style="FONT-SIZE: x-small; WIDTH: 50px; HEIGHT: 24px" type=button size=13 value=
```

```
    끄기 name=btnoff1 onclick='SendOff("off1");'>
    <input style="FONT-SIZE: x-small; WIDTH: 60px; HEIGHT: 24px" type=button size=13 value=
    상태요청 name=btnreq1 onclick='SendReq("req1");'>
   </td>
  </tr>
```

```
 <tr>
   <td ALIGN=middle> <FONT face=Arial> 조명2</FONT> </td>
   <td ALIGN=middle> <FONT face=Arial> <INPUT NAME=txtSW2 style="WIDTH: 50px; HEIGHT: 20px"
   CLASS=box2 VALUE="none" size=2 disabled> </FONT>
   <td ALIGN=middle>
     <input style="FONT-SIZE: x-small; WIDTH: 50px; HEIGHT: 24px" type=button size=13 value=
      UP name=btnup2 onclick='Calculate("up2");'>
     <input style="FONT-SIZE: x-small; WIDTH: 50px; HEIGHT: 24px" type=button size=13 value=
      DOWN name=btndn2 onclick='Calculate("dn2");'>
     <input style="FONT-SIZE: x-small; WIDTH: 50px; HEIGHT: 24px" type=button size=13 value=
     보내기 name=btnok2 onclick='MakeValue("cmd2");'>
     <input style="FONT-SIZE: x-small; WIDTH: 50px; HEIGHT: 24px" type=button size=13 value=
     켜기 name=btnon2 onclick='SendOn("on2");'>
     <input style="FONT-SIZE: x-small; WIDTH: 50px; HEIGHT: 24px" type=button size=13 value=
     끄기 name=btnoff2 onclick='SendOff("off2");'>
     <input style="FONT-SIZE: x-small; WIDTH: 60px; HEIGHT: 24px" type=button size=13 value=
     상태요청 name=btnreq2 onclick='SendReq("req2");'>
   </td>
  </tr>
  <tr>
   <td ALIGN=middle> <FONT face=Arial> 조명3</FONT> </td>
   <td ALIGN=middle> <FONT face=Arial> <INPUT NAME=txtSW3 style="WIDTH: 50px; HEIGHT: 20px"
    CLASS=box2 VALUE="none" size=2 disabled> </FONT>
   <td ALIGN=middle>
     <input style="FONT-SIZE: x-small; WIDTH: 50px; HEIGHT: 24px" type=button size=13 value=
      UP name=btnup3 onclick='Calculate("up3");'>
     <input style="FONT-SIZE: x-small; WIDTH: 50px; HEIGHT: 24px" type=button size=13 value=
      DOWN name=btndn3 onclick='Calculate("dn3");'>
     <input style="FONT-SIZE: x-small; WIDTH: 50px; HEIGHT: 24px" type=button size=13 value=
      보내기 name=btnok3 onclick='MakeValue("cmd3");'>
     <input style="FONT-SIZE: x-small; WIDTH: 50px; HEIGHT: 24px" type=button size=13 value=
      켜기 name=btnon3 onclick='SendOn("on3");'>
     <input style="FONT-SIZE: x-small; WIDTH: 50px; HEIGHT: 24px" type=button size=13 value=
      끄기 name=btnoff3 onclick='SendOff("off3");'>
     <input style="FONT-SIZE: x-small; WIDTH: 60px; HEIGHT: 24px" type=button size=13 value=
     상태요청 name=btnreq3 onclick='SendReq("req3");'>
   </td>
  </tr>

</table>
<br>
<table width=470 border=0 cellspacing=0 cellpadding=0>
  <tr> <td> <hr style="WIDTH: 500px; HEIGHT: 2px" align=left SIZE=2> </td> </tr>
</table>
</body>
</html>
```

② C: \APM_Setup \htdocs \test 폴더에 light2_1.html 이름으로 저장한다.

③ Web Browser로 http://localhost/test/light2_1.html 접속하여 아래와 같은 화면을 확인한다.

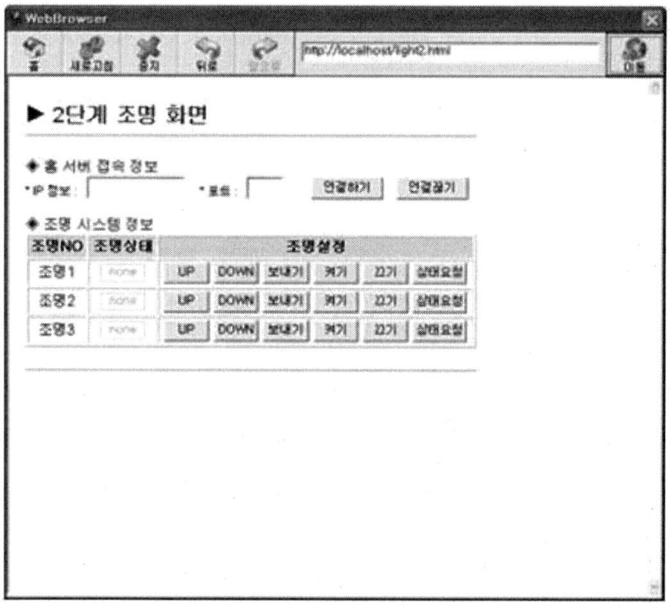

2) 소스 해설-1

```
<!DOCTYPE HTML PUBLIC "-//W3C//DTD HTML 4.01 Transitional//EN">
<html>
<head>
<title>:::::::::: 2단계 조명 페이지 :::::::::::</title>
<meta http-equiv="Content-Type" content="text/html; charset=euc-kr">
<STYLE TYPE="text/css">
.button{background-color:#dddddd;font-size=10pt;border:1x solid #808080}
.box1{ background-color:#FFFFFF; border:1x solid #D5D4D5; font-family:??; font-size:10pt; TEXT-ALIGN: LEFT;}
.box2{ background-color:#FFFFFF; border:1x solid #D5D4D5; font-family:??;font-size:10pt; TEXT-ALIGN: CENTER;}
</STYLE>
```

```
</head>
<body leftmargin=20 topmargin=30 >
<table width=470 border=0 cellspacing=0 cellpadding=0>
 <tr>
 <td align=left> <font face="Arial, Helvetica, sans-serif" size=5 >
    ▶ 2단계 조명 화면 </font>  </td>
 </tr>
 <tr> <td> <hr style="WIDTH: 500px; HEIGHT: 2px" align=left SIZE=2> </td> </tr>
</table>
<br>
◈ 홈 서버 접속 정보 
<table width=500 border=0 cellspacing=0 cellpadding=0>
 <tr>
   <td>
     <p align=left>
      <font face=Arial size=2>* IP 정보 :</font>  
      <input name = txtIp style = "WIDTH: 110px; HEIGHT: 25px" size =4>  
      <font face=Arial size=2>* 포트 :</font> </FONT>  
      <input name = txtPort style = "WIDTH: 40px; HEIGHT: 25px" size =4>    
      <input name=btnconnect style="WIDTH: 80px; HEIGHT: 25px" type=button size=25 value=
      연결하기 OnClick='init();'>   
      <input name=btndisconnect style="WIDTH: 79px; HEIGHT: 25px" type=button size=25 value=
      연결끊기 OnClick='disconnect();'>
     </p>
   </td>
 </tr>
 <tr> <td> </td> </tr>
</table>
```

```
<br>
◆ 조명 시스템 정보 
<table width= 500 border=1 cellpadding=2 cellspacing=2 >
  <tr>
    <td CLASS=cellstyle1 ALIGN=middle BGCOLOR=#dddddd> <STRONG> <FONT face=굴림> 조명NO </FONT> </STRONG> </td>
    <td CLASS=cellstyle1 ALIGN=middle BGCOLOR=#dddddd> <STRONG> <FONT face=굴림> 조명상태 </FONT> </STRONG> </td>
    <td CLASS=cellstyle1 ALIGN=middle BGCOLOR=#dddddd> <STRONG> <FONT face=굴림> 조명설정 </FONT> </STRONG> </td>
  </tr>
  <tr>
    <td ALIGN=middle> <FONT face=Arial> 조명1</FONT> </td>
    <td ALIGN=middle> <FONT face=Arial> <INPUT NAME=txtSW1 style="WIDTH: 50px; HEIGHT: 20px" CLASS=box2 VALUE="none" size=2 disabled> </FONT>
    <td ALIGN=middle>
      <input style="FONT-SIZE: x-small; WIDTH: 50px; HEIGHT: 24px" type=button size=13 value=UP name=btnup1 onclick='Calculate("up1");'>
      <input style="FONT-SIZE: x-small; WIDTH: 50px; HEIGHT: 24px" type=button size=13 value=DOWN name=btndn1 onclick='Calculate("dn1");'>
      <input style="FONT-SIZE: x-small; WIDTH: 50px; HEIGHT: 24px" type=button size=13 value=보내기 name=btnok1 onclick='MakeValue("cmd1");'>
      <input style="FONT-SIZE: x-small; WIDTH: 50px; HEIGHT: 24px" type=button size=13 value=켜기 name=btnon1 onclick='SendOn("on1");'>
      <input style="FONT-SIZE: x-small; WIDTH: 50px; HEIGHT: 24px" type=button size=13 value=끄기 name=btnoff1 onclick='SendOff("off1");'>
      <input style="FONT-SIZE: x-small; WIDTH: 60px; HEIGHT: 24px" type=button size=13 value=상태요청 name=btnreq1 onclick='SendReq("req1");'>
    </td>
  </tr>
```

```
<tr>
  <td ALIGN=middle> <FONT face=Arial> 조명2</FONT> </td>
  <td ALIGN=middle> <FONT face=Arial> <INPUT NAME=txtSW2 style="WIDTH: 50px; HEIGHT: 20px" CLASS=box2 VALUE="none" size=2 disabled> </FONT>
  <td ALIGN=middle>
    <input style="FONT-SIZE: x-small; WIDTH: 50px; HEIGHT: 24px" type=button size=13 value= UP name=btnup2 onclick='Calculate("up2");'>
    <input style="FONT-SIZE: x-small; WIDTH: 50px; HEIGHT: 24px" type=button size=13 value= DOWN name=btndn2 onclick='Calculate("dn2");'>
    <input style="FONT-SIZE: x-small; WIDTH: 50px; HEIGHT: 24px" type=button size=13 value= 보내기 name=btnok2 onclick='MakeValue("cmd2");'>
    <input style="FONT-SIZE: x-small; WIDTH: 50px; HEIGHT: 24px" type=button size=13 value= 켜기 name=btnon2 onclick='SendOn("on2");'>
    <input style="FONT-SIZE: x-small; WIDTH: 50px; HEIGHT: 24px" type=button size=13 value= 끄기 name=btnoff2 onclick='SendOff("off2");'>
    <input style="FONT-SIZE: x-small; WIDTH: 60px; HEIGHT: 24px" type=button size=13 value= 상태요청 name=btnreq2 onclick='SendReq("req2");'>
  </td>
</tr>
<tr>
  <td ALIGN=middle> <FONT face=Arial> 조명3</FONT> </td>
  <td ALIGN=middle> <FONT face=Arial> <INPUT NAME=txtSW3 style="WIDTH: 50px; HEIGHT: 20px" CLASS=box2 VALUE="none" size=2 disabled> </FONT>
  <td ALIGN=middle>
    <input style="FONT-SIZE: x-small; WIDTH: 50px; HEIGHT: 24px" type=button size=13 value= UP name=btnup3 onclick='Calculate("up3");'>
    <input style="FONT-SIZE: x-small; WIDTH: 50px; HEIGHT: 24px" type=button size=13 value= DOWN name=btndn3 onclick='Calculate("dn3");'>
    <input style="FONT-SIZE: x-small; WIDTH: 50px; HEIGHT: 24px" type=button size=13 value= 보내기 name=btnok3 onclick='MakeValue("cmd3");'>
    <input style="FONT-SIZE: x-small; WIDTH: 50px; HEIGHT: 24px" type=button size=13 value= 켜기 name=btnon3 onclick='SendOn("on3");'>
```

```
77        <input style="FONT-SIZE: x-small; WIDTH: 50px; HEIGHT: 24px" type=button size=13 value=
          끄기 name=btnoff3 onclick='SendOff("off3");'>
78        <input style="FONT-SIZE: x-small; WIDTH: 60px; HEIGHT: 24px" type=button size=13 value=
          상태요청 name=btnreq3 onclick='SendReq("req3");'>
79      </td>
80    </tr>
81  </table>
82  <br>
83  <table width=470 border=0 cellspacing=0 cellpadding=0>
84    <tr> <td> <hr style="WIDTH: 500px; HEIGHT: 2px" align=left SIZE=2> </td> </tr>
85  </table>
86  </body>
87  </html>
```

➡ 1 : W3C에서 인증한 HTML 4.0버전을 사용했다는 뜻으로 생략해도 상관없습니다.

➡ 2 : HTML 문서의 시작을 의미합니다.

➡ 3 : 문서의 head 태그 시작을 의미합니다. Head 태그 내에 JavaScript 태그와 title 태그, 스타일 시트 태그들이 들어갑니다.

➡ 4 : HTML 문서의 제목을 쓰는 부분입니다. 이곳에 들어간 제목은 HTML 문서를 실행했을 때 웹 브라우저의 상단 제목 표시줄에 나타나게 됩니다. Title Tag는 반드시 head Tag내에 써 줘야 합니다.

➡ 5 : HTML 문서의 정보를 담아놓는 메타 태그로 여기서는 문서가 한글로 작성되었다는 것을 의미합니다.

➡ 6 : 스타일 시트의 시작을 의미하는 태그로 스타일 시트란 폰트나 버튼의 스타일을 미리 head 부분 또는 다른 문서로 정의하여 HTML 문서내의 폰트나 버튼 등에 사용하는 것입니다.

➡ 11 : head 태그의 끝을 의미합니다.

➡ 12 : body 태그의 시작을 의미합니다. 왼쪽 여백을 20 픽셀, 상단 여백을 30 픽셀로 설정합니다.

➡ 13 : table 태그의 시작을 의미합니다. Table의 사이즈는 470 픽셀, 선 굵기와 여백 값은 0으로 설정합니다.

➡ 14 : tr 태그의 시작을 의미합니다.

➡ 15 : td 태그의 시작을 의미합니다. 셀 내 속성은 왼쪽 정렬로 설정합니다. Font 태그의 시작을 의미합니다.

➡ 16 : 셀 안에 들어갈 내용과 font 태그의 끝을 의미합니다.

➡ 17 : tr 태그의 끝을 의미합니다.

➡ 18 : 수평선 태그 hr 태그의 시작을 의미합니다. 사이즈는 500 픽셀, 높이는 2 픽셀로 속성은

왼쪽 정렬로 설정합니다.

➡ 19 : table 태그의 끝을 의미합니다.

➡ 20 : 줄 바꿈 기능을 하는 br 태그를 의미합니다.

➡ 21 : " ◈ 홈 서버 접속 정보 ¡°를 표시하는 부분입니다.

➡ 24 : 문단 내 내용의 왼쪽 정렬을 의미합니다.

➡ 25 : 폰트 종류는 Arial 폰트 사이즈는 2로 ¡° * IP 정보 : ¡°를 표시하는 부분입니다.

➡ 26 : 이름이 txtIp라는 TextBox를 의미합니다.

➡ 27 : 폰트 종류는 Arial 폰트 사이즈는 2로 ¡°* 포트 : ¡°를 표시하는 부분입니다.

➡ 28 : 이름이 txtPort라는 TextBox를 의미합니다.

➡ 29 : 이름이 btnconnect이고 클릭 했을 때 JavaScript 함수 중 init() 함수를 실행하는 버튼을 의미합니다.

➡ 30 : 이름이 btndisconnect이고 클릭 했을 때 JavaScript 함수 중 disconnect() 함수를 실행하는 버튼을 의미합니다.

➡ 38 : " ◈ 조명 시스템 정보 ¡°를 표시하는 부분입니다.

➡ 39 : table 태그의 시작을 의미합니다. table의 속성은 사이즈 500 픽셀, 선 굵기 1, 셀의 안쪽과 바깥쪽 여백을 2 픽셀로 설정합니다.

➡ 41 : 셀 안쪽에 폰트 종류가 굴림이고 글자 강하게 속성이 설정된 ¡°조명NO¡±를 표시하는 부분입니다.

➡ 42 : 셀 안쪽에 폰트 종류가 굴림이고 글자 강하게 속성이 설정된 ¡°조명상태¡±를 표시하는 부분입니다.

➡ 43 : 셀 안쪽에 폰트 종류가 굴림이고 글자 강하게 속성이 설정된 ¡°조명설정¡±를 표시하는 부분입니다.

➡ 46 : 셀 안쪽에 포트 종류가 Arial이고 가운데 정렬 속성이 설정된 ¡°조명1¡±을 표시하는 부분입니다.

➡ 47 : 셀 안쪽에 이름이 txtSW1이고 쓰기 금지(disabled) 속성이 설정된 TextBox를 의미합니다.

➡ 48 : 셀 안쪽에 가운데 정렬 속성이 설정된 것을 의미합니다.

➡ 49 : 이름이 btnup1이고 클릭 했을 때 JavaScript 함수 중 Calculate() 함수에 설정 값 ¡°up1¡±을 넣어 실행하는 버튼을 의미합니다.

➡ 50 : 이름이 btndn1이고 클릭 했을 때 JavaScript 함수 중 Calculate() 함수에 설정 값 ¡°dn1¡±을 넣어 실행하는 버튼을 의미합니다.

➡ 51 : 이름이 btnok1이고 클릭 했을 때 JavaScript 함수 중 MakeValue() 함수에 설정 값 ¡°cmd1¡±을 넣어 실행하는 버튼을 의미합니다.

➡ 52 : 이름이 btnon1이고 클릭 했을 때 JavaScript 함수 중 SendOn() 함수에 설정 값 ¡°on1¡±을 넣어 실행하는 버튼을 의미합니다.

➡ 53 : 이름이 btnoff1이고 클릭 했을 때 JavaScript 함수 중 SendOff() 함수에 설정 값 ¡°off1¡±을 넣어 실행하는 버튼을 의미합니다.

➡ 54 : 이름이 btnreq1이고 클릭 했을 때 JavaScript 함수 중 SendReq() 함수에 설정 값 ¡°req1¡±을 넣어 실행하는 버튼을 의미합니다.

➡ 58 : 셀 안쪽에 포트 종류가 Arial이고 가운데 정렬 속성이 설정된 ¡°조명2¡±를 표시하는 부분

입니다.

➡ 59 : 셀 안쪽에 이름이 txtSW2이고 쓰기 금지(disabled) 속성이 설정된 TextBox를 의미합니다.

➡ 60 : 셀 안쪽에 가운데 정렬 속성이 설정된 것을 의미합니다.

➡ 61 : 이름이 btnup2이고 클릭 했을 때 JavaScript 함수 중 Calculate() 함수에 설정 값 ¡°up2¡±을 넣어 실행하는 버튼을 의미합니다.

➡ 62 : 이름이 btndn2이고 클릭 했을 때 JavaScript 함수 중 Calculate() 함수에 설정 값 ¡°dn2¡±을 넣어 실행하는 버튼을 의미합니다.

➡ 63 : 이름이 btnok2이고 클릭 했을 때 JavaScript 함수 중 MakeValue() 함수에 설정 값 ¡°cmd2¡±을 넣어 실행하는 버튼을 의미합니다.

➡ 64 : 이름이 btnon2이고 클릭 했을 때 JavaScript 함수 중 SendOn() 함수에 설정 값 ¡°on2¡±을 넣어 실행하는 버튼을 의미합니다.

➡ 65 : 이름이 btnoff2이고 클릭 했을 때 JavaScript 함수 중 SendOff() 함수에 설정 값 ¡°off2¡±을 넣어 실행하는 버튼을 의미합니다.

➡ 66 : 이름이 btnreq2이고 클릭 했을 때 JavaScript 함수 중 SendReq() 함수에 설정 값 ¡°req2¡±을 넣어 실행하는 버튼을 의미합니다.

➡ 70 : 셀 안쪽에 포트 종류가 Arial이고 가운데 정렬 속성이 설정된 ¡°조명3¡±을 표시하는 부분입니다.

➡ 71 : 셀 안쪽에 이름이 txtSW3이고 쓰기 금지(disabled) 속성이 설정된 TextBox를 의미합니다.

➡ 72 : 셀 안쪽에 가운데 정렬 속성이 설정된 것을 의미합니다.

➡ 73 : 이름이 btnup3이고 클릭 했을 때 JavaScript 함수 중 Calculate() 함수에 설정 값 ¡°up3¡±을 넣어 실행하는 버튼을 의미합니다.

➡ 74 : 이름이 btndn3이고 클릭 했을 때 JavaScript 함수 중 Calculate() 함수에 설정 값 ¡°dn3¡±을 넣어 실행하는 버튼을 의미합니다.

➡ 75 : 이름이 btnok3이고 클릭 했을 때 JavaScript 함수 중 MakeValue() 함수에 설정 값 ¡°cmd3¡±을 넣어 실행하는 버튼을 의미합니다.

➡ 76 : 이름이 btnon3이고 클릭 했을 때 JavaScript 함수 중 SendOn() 함수에 설정 값 ¡°on3¡±을 넣어 실행하는 버튼을 의미합니다.

➡ 77 : 이름이 btnoff3이고 클릭 했을 때 JavaScript 함수 중 SendOff() 함수에 설정 값 ¡°off3¡±을 넣어 실행하는 버튼을 의미합니다.

➡ 78 : 이름이 btnreq3이고 클릭 했을 때 JavaScript 함수 중 SendReq() 함수에 설정 값 ¡°req3¡±을 넣어 실행하는 버튼을 의미합니다.

➡ 81 : table 태그 끝을 의미합니다.

➡ 82 : 줄 바꿈 기능을 하는 br 태그를 의미합니다.

➡ 83 : table 태그의 시작을 의미합니다. table의 속성은 사이즈 470 픽셀 입니다.

➡ 84 : 수평선 태그 hr 태그의 시작을 의미합니다. 사이즈는 500 픽셀, 높이는 2 픽셀로 속성은 왼쪽 정렬로 설정합니다.

➡ 85 : table 태그 끝을 의미합니다.

➡ 86 : body 태그의 끝을 의미합니다.

➡ 87 : HTML 문서의 끝을 의미합니다.

3) 소스 작성-2

① 기존 light2_1.html 소스 중 아래의 </STYLE> </head> 사이에 코드를 추가한다.

```
.box2{ background-color:#FFFFFF; border:1x solid #D5D4D5; font-family:??;font-size:10pt; TEXT-A
LIGN: CENTER;}
</STYLE>
          ←――――――――  추가 코드가 들어갈 부분
</head>
<body leftmargin=20 topmargin=30 >
```

```
<script language="javascript" src="server_info.js" ></script>
<script language="javascript" >

var SW01_Value ;
var SW02_Value ;
var SW03_Value ;

function init()
{
      connect() ;
      window.setTimeout('Check()', 1000);
  }
}

function disconnect ()
{
     if ( document.XSock ) document.XSock.Send( 'disconnect`100`100'  , 0 );
     if (document.XSock ) document.XSock.Close();
}

function connect ()
{
     if (txtIp.value =="" || txtPort.value =="") {
        alert("입력 정보를 더 넣어주세요.");
     }
     else if ( document.XSock ) {
        var temp1 = document.XSock.Connect( txtIp.value, txtPort.value  );
        var server_ip = txtIp.value;
        var server_port = txtPort.value;
    }
}

function Calculate ( msg )
{
  switch (msg) {
    case "up1" :
      if(SW01_Value < 10){SW01_Value++  ; document.all.txtSW1.value = SW01_Value ;}
      break;
```

```
 case "up2" :
     if(SW02_Value < 10){SW02_Value++ ; document.all.txtSW2.value = SW02_Value ;}
     break;
   case "up3" :
     if(SW03_Value < 10){SW03_Value++ ; document.all.txtSW3.value = SW03_Value ;}
     break;
   case "dn1" :
     if(SW01_Value > 0){SW01_Value-- ; document.all.txtSW1.value = SW01_Value ;}
     break;
   case "dn2" :
     if(SW02_Value > 0){SW02_Value-- ; document.all.txtSW2.value = SW02_Value ;}
     break;
   case "dn3" :
     if(SW03_Value > 0){SW03_Value-- ; document.all.txtSW3.value = SW03_Value ;}
     break;
  }
}

function DisplayValue( Key, Value)
{
  if(Key == "SW01")
  {
    SW01_Value = Value;
    document.all.txtSW1.value = Value ;
  }
  else if(Key == "SW02")
  {
    SW02_Value = Value;
    document.all.txtSW2.value = Value ;
  }
  else if(Key == "SW03")
  {
    SW03_Value = Value;
    document.all.txtSW3.value = Value ;
  }
}

function SendReq( msg )
{
  var strmsg ;
  if(msg == "req1")
  {
    strmsg = "set`DLight`SW01`REQ" ;
  }
  else if(msg == "req2")
  {
    strmsg = "set`DLight`SW02`REQ" ;
  }
  else if(msg == "req3")
  {
    strmsg = "set`DLight`SW03`REQ" ;
  }
    SendMessage(strmsg);
}
```

```
function SendOn( msg )
{
  var strmsg ;
  if(msg == "on1")
  {
   strmsg = "set`DLight`SW01`10" ;
  }
  else if(msg == "on2")
  {
   strmsg = "set`DLight`SW02`10" ;
  }
  else if(msg == "on3")
  {
   strmsg = "set`DLight`SW03`10" ;
  }
    SendMessage(strmsg);
}

function SendOff( msg )
{
  var strmsg ;
  if(msg == "off1")
  {
   strmsg = "set`DLight`SW01`0" ;
  }
  else if(msg == "off2")
  {
   strmsg = "set`DLight`SW02`0" ;
  }
  else if(msg == "off3")
  {
   strmsg = "set`DLight`SW03`0" ;
  }
    SendMessage(strmsg);
}

function Check ()
{
     if ( document.XSock ) { document.XSock.Send( "link`section_name=DLight" , 0 ); }
}

function MakeValue( msg )
{
   var strmsg = "" ;

   switch(msg){
    case "cmd1":
         strmsg = "set`DLight`SW01`" +SW01_Value;
         SendMessage(strmsg);
    break;
    case "cmd2":
         strmsg = "set`DLight`SW02`" +SW02_Value;
         SendMessage(strmsg);
    break;
```

```
case "cmd3":
        strmsg = "set`DLight`SW03`" +SW03_Value;
        SendMessage(strmsg);
   break;
  }
}

function SendMessage ( msg )
{
    if ( document.XSock ) { document.XSock.Send( msg , 0 ); }
}
</script>

<script language="Javascript" FOR="XSock"  EVENT="OnReceive( lpData, nBuffLen )" >

    var token = lpData.split("!");
    var count = 0 ;

    for( ; count < token.length; count ++ )
   {
        if(token[count] == "")
       {
        }
       else
       {
           var getData = token[count].split("`");
           if(getData[2] == "SW01" || getData[2] == "SW02" || getData[2] == "SW03")
          {
               if(getData[3] != "NONE"){
                       DisplayValue(getData[2], getData[3]);
               }
          }
       }
   }
</script>
```

② 기존 light2_1.html 소스 중 아래의 </table> </body>사이에 코드를 추가한다.

```
<table width=470 border=0 cellspacing=0 cellpadding=0>
  <tr> <td> <hr style="WIDTH: 500px; HEIGHT: 2px" align=left SIZE=2> </td> </tr>
</table>
            ←———————— 추가 코드가 들어갈 부분
</body>
</html>
```

```
<div id='ActiveX' style="Z-INDEX: 1; LEFT: 0px; VISIBILITY: hidden; WIDTH: 300px; POSITION: absolute;
TOP: 0px; HEIGHT: 50px">
<table bgcolor="#ffffff" width=400 height=50 border=0 cellpadding=0 cellspacing=0 >
<tr> <td valign=top >
```

```
    <OBJECT id=XSock codeBase=./XSockClient.cab height=10 width=10
     align=center classid=clsid:2328F294-DD85-11D3-B4AF-00C04F2B300E>
    <PARAM NAME="_Version" VALUE="65536">
    <PARAM NAME="_ExtentX" VALUE="265">
    <PARAM NAME="_ExtentY" VALUE="265">
    <PARAM NAME="_StockProps" VALUE="0">
    <PARAM NAME="LocalAddress" VALUE="">
    <PARAM NAME="LocalPort" VALUE="0">
    <PARAM NAME="NullTerminate" VALUE="-1">
    <PARAM NAME="ReceiveBufferCount" VALUE="4096">
    <PARAM NAME="SendMsg" VALUE="">
    <PARAM NAME="SendLen" VALUE="0">
    <PARAM NAME="RecvBuf" VALUE="h흶&#1;??EM`TIME`20061206102217!">
    </OBJECT>
  </td> </tr>
</table>
</div>
```

③ C: \APM_Setup \htdocs \test 폴더에 light2_2.html 이름으로 저장한다.

④ Web Browser로 http://localhost/test/light2_2.html 접속하여 아래와 같은 화면을 확인한다.

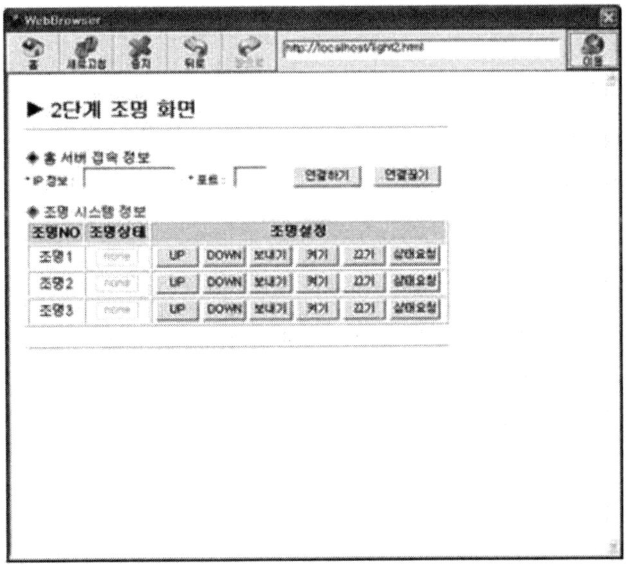

4) 소스 해설-2

```
<script language="javascript" src="server_info.js" ></script>
<script language="javascript" >
var SW01_Value ;
var SW02_Value ;
var SW03_Value ;
function init()
{
    if ( document.XSock )
       {
          connect();
          window.setTimeout('Check()', 1000);
  }
}
function disconnect ()
{
     if ( document.XSock ) document.XSock.Send( 'disconnect`100`100'  , 0 );
     if (document.XSock ) document.XSock.Close();
}
function connect ()
{
    if (txtIp.value =="" || txtPort.value =="") {
       alert("입력 정보를 더 넣어주세요.");
    }
    else if ( document.XSock ) {
       var temp1 = document.XSock.Connect( txtIp.value, txtPort.value  );
       var server_ip = txtIp.value;
       var server_port = txtPort.value;
    }
}
function Calculate ( msg )
{
  switch (msg) {
   case "up1" :
```

```
        if(SW01_Value < 10){SW01_Value++ ; document.all.txtSW1.value = SW01_Value ;}
        break;
  case "up2" :
        if(SW02_Value < 10){SW02_Value++ ; document.all.txtSW2.value = SW02_Value ;}
        break;
    case "up3" :
        if(SW03_Value < 10){SW03_Value++ ; document.all.txtSW3.value = SW03_Value ;}
        break;
    case "dn1" :
        if(SW01_Value > 0){SW01_Value-- ; document.all.txtSW1.value = SW01_Value ;}
        break;
    case "dn2" :
        if(SW02_Value > 0){SW02_Value-- ; document.all.txtSW2.value = SW02_Value ;}
        break;
    case "dn3" :
        if(SW03_Value > 0){SW03_Value-- ; document.all.txtSW3.value = SW03_Value ;}
        break;
  }
}
function DisplayValue( Key, Value)
{
  if(Key == "SW01")
  {
      SW01_Value = Value;
      document.all.txtSW1.value = Value ;
  }
  else if(Key == "SW02")
  {
      SW02_Value = Value;
      document.all.txtSW2.value = Value ;
  }
```

```
 else if(Key == "SW03")
  {
   SW03_Value = Value;
   document.all.txtSW3.value = Value ;
  }
}
function SendReq( msg )
{
  var strmsg ;
  if(msg == "req1")
  {
    strmsg = "set`DLight`SW01`REQ" ;
  }
  else if(msg == "req2")
  {
    strmsg = "set`DLight`SW02`REQ" ;
  }
  else if(msg == "req3")
  {
    strmsg = "set`DLight`SW03`REQ" ;
  }
     SendMessage(strmsg);
}
function SendOn( msg )
{
  var strmsg ;
  if(msg == "on1")
  {
    strmsg = "set`DLight`SW01`10" ;
  }
  else if(msg == "on2")
  {
    strmsg = "set`DLight`SW02`10" ;
  }
```

```
 else if(msg == "on3")
  {
    strmsg = "set`DLight`SW03`10" ;
  }
    SendMessage(strmsg);
}
function SendOff( msg )
{
  var strmsg ;
  if(msg == "off1")
  {
    strmsg = "set`DLight`SW01`0" ;
  }
  else if(msg == "off2")
  {
    strmsg = "set`DLight`SW02`0" ;
  }
  else if(msg == "off3")
  {
    strmsg = "set`DLight`SW03`0" ;
  }
    SendMessage(strmsg);
}
function Check ()
{
      if ( document.XSock ) { document.XSock.Send( "link`section_name=DLight" , 0 ); }
}
function MakeValue( msg )
{
   var strmsg = "" ;
   switch(msg){
     case "cmd1":
```

```
        strmsg = "set`DLight`SW01`" +SW01_Value;

        SendMessage(strmsg);
    break;

    case "cmd2":

        strmsg = "set`DLight`SW02`" +SW02_Value;

        SendMessage(strmsg);
    break;

  case "cmd3":

        strmsg = "set`DLight`SW03`" +SW03_Value;

        SendMessage(strmsg);
    break;
   }
}

function SendMessage ( msg )
{

    if ( document.XSock ) { document.XSock.Send( msg , 0 ); }

}
</script>

<script language="Javascript" FOR="XSock"  EVENT="OnReceive( lpData, nBuffLen )" >

    var token = lpData.split("!");

     var count = 0 ;

    for( ; count < token.length; count ++ )
    {

      if(token[count] == "")
      {     }
      else
       {
          var getData = token[count].split("`");

          if(getData[2] == "SW01" || getData[2] == "SW02" || getData[2] == "SW03")
         {

              if(getData[3] != "NONE"){

                         DisplayValue(getData[2], getData[3]);
              }
          }
       }
   }
</script>
```

➡ 1 : 외부의 server_info.js 파일을 HTML 문서 내에서 JavaScript 파일로 사용함을 의미합니다.
➡ 2 : HTML 문서에서 사용할 JavaScript 내용의 시작을 의미합니다.
➡ 3 : 1번 조명 스위치 상태 값 임시 저장을 위한 변수 선언을 의미합니다.
➡ 4 : 2번 조명 스위치 상태 값 임시 저장을 위한 변수 선언을 의미합니다.
➡ 5 : 3번 조명 스위치 상태 값 임시 저장을 위한 변수 선언을 의미합니다.
➡ 6 : 홈 서버 초기 연결을 위한 사용자 정의 함수의 시작을 의미합니다.
➡ 7 : 소켓 객체의 존재 유무의 조건을 의미합니다.
➡ 8 : connect() 사용자 정의 함수의 호출을 의미합니다.
➡ 9 : init() 함수의 호출이 일어난 뒤 1초(1000) 후에 Check() 사용자 정의 함수를 호출하는 것을 의미합니다.
➡ 10 : 홈 서버 소켓통신 연결을 끊는 사용자 정의 함수의 시작을 의미합니다.
➡ 11 : HTML 문서 내 소켓 통신을 할 수 있는 XSock Active-X객체가 존재하는 경우 이 Active-X의 Send 메서드를 사용하여 소켓 통신이 연결되어 있는 홈 서버에 소켓통신 연결끊기 프로토콜 데이터인 "disconnect`100`100`" 메시지를 보내라는 것을 의미합니다.
➡ 12 : Xsock Active-X의 Close 메서드를 사용하여 홈 서버와의 소켓 연결을 닫는 것을 의미합니다.
➡ 13 : 홈 서버와 소켓통신을 연결하는 사용자 정의 함수의 시작을 의미합니다.
➡ 14 : txtIp, txtPort라는 이름을 가진 TextBox의 내용에 빈 내용이 있는 경우의 조건을 의미합니다.
➡ 15 : " 입력 정보를 더 넣어주세요 "라는 내용으로 경고창을 띄우는 것을 의미합니다.
➡ 16 : 소켓 객체의 존재 유무의 조건을 의미합니다.
➡ 17 : XSock Active-X의 Connect 메서드를 사용하여 txtIp와 txtPort TextBox에 입력한 홈 서버에 소켓을 연결 하라는 것을 의미합니다.
➡ 18 : 변수 server_ip에 txtIp TextBox에 입력한 정보를 대입하는 것을 의미합니다.
➡ 19 : 변수 server_port에 txtPort TextBox에 입력한 정보를 대입하는 것을 의미합니다.
➡ 20 : 사용자가 설정하는 온도 버튼에 따라 조명 스위치 상태 값을 변경하는 사용자 정의 함수의 시작을 의미합니다.
➡ 21 : 함수 호출 시 설정된 값을 적용하는 부분입니다.
➡ 22 : 함수 호출 시 설정된 값이 "up1"와 같은 경우 아래 23, 24 라인을 실행하라는 의미입니다.
➡ 23 : 1번 조명 스위치의 상태 값이 10보다 작은 경우에 SW01_Value 변수의 현재 값에 1의 데이터를 증가시키고, txtSW1이란 이름을 가진 TextBox의 값에 SW01_Value의 값을 대입 시키라는 의미입니다.
➡ 24 : 호출된 함수를 진행을 중단하라는 의미입니다.
➡ 25 : 함수 호출 시 설정된 값이 "up2"와 같은 경우 아래 26, 27 라인을 실행하라는 의미입니다.
➡ 26 : 2번 조명 스위치의 상태 값이 10보다 작은 경우에 SW02_Value 변수의 현재 값에 1의 데이터를 증가시키고, txtSW2이란 이름을 가진 TextBox의 값에 SW02_Value의 값을 대입 시키라는 의미입니다.

➡ 28 : 함수 호출 시 설정된 값이 "up3"와 같은 경우 아래 29, 30 라인을 실행하라는 의미입니다.

➡ 29 : 3번 조명 스위치의 상태 값이 10보다 작은 경우에 SW03_Value 변수의 현재 값에 1의 데이터를 증가시키고, txtSW3이란 이름을 가진 TextBox의 값에 SW03_Value의 값을 대입 시키라는 의미입니다.

➡ 31 : 함수 호출 시 설정된 값이 "dn1"와 같은 경우 아래 32, 33 라인을 실행하라는 의미입니다.

➡ 32 : 1번 조명 스위치의 상태 값이 0보다 큰 경우에 SW01_Value 변수의 현재 값에 1의 데이터를 감소시키고, txtSW1이란 이름을 가진 TextBox의 값에 SW01_Value의 값을 대입 시키라는 의미입니다.

➡ 34 : 함수 호출 시 설정된 값이 "dn2"와 같은 경우 아래 35, 36 라인을 실행하라는 의미입니다.

➡ 35 : 2번 조명 스위치의 상태 값이 0보다 큰 경우에 SW02_Value 변수의 현재 값에 1의 데이터를 감소시키고, txtSW2이란 이름을 가진 TextBox의 값에 SW02_Value의 값을 대입 시키라는 의미입니다.

➡ 37 : 함수 호출 시 설정된 값이 "dn3"와 같은 경우 아래 38, 39 라인을 실행하라는 의미입니다.

➡ 38 : 3번 조명 스위치의 상태 값이 0보다 큰 경우에 SW03_Value 변수의 현재 값에 1의 데이터를 감소시키고, txtSW3이란 이름을 가진 TextBox의 값에 SW03_Value의 값을 대입 시키라는 의미입니다.

➡ 40 : 조명 디바이스의 상태 값 변경 데이터를 받을 뒤 온도 표시 부분을 변경하는 사용자 정의 함수의 시작을 의미합니다.

➡ 41 : 함수 호출 시 설정된 값 중 Key 값이 "SW01"과 같은 경우의 조건을 의미합니다.

➡ 42 : 1번 조명 스위치의 상태 값에 함수 호출 시 설정된 Value 값을 대입 시키라는 의미입니다.

➡ 43 : txtSW1이란 이름을 가진 TextBox의 값에 함수 호출 시 설정된 Value 값을 대입 시키라는 의미입니다.

➡ 41 : 함수 호출 시 설정된 값 중 Key 값이 "SW01"과 같은 경우의 조건을 의미합니다.

➡ 42 : 1번 조명 스위치의 상태 값에 함수 호출 시 설정된 Value 값을 대입 시키라는 의미입니다.

➡ 43 : txtSW1이란 이름을 가진 TextBox의 값에 함수 호출 시 설정된 Value 값을 대입 시키라는 의미입니다.

➡ 44 : 함수 호출 시 설정된 값 중 Key 값이 "SW02"과 같은 경우의 조건을 의미합니다.

➡ 45 : 2번 조명 스위치의 상태 값에 함수 호출 시 설정된 Value 값을 대입 시키라는 의미입니다.

➡ 46 : txtSW2이란 이름을 가진 TextBox의 값에 함수 호출 시 설정된 Value 값을 대입 시키라는 의미입니다.

➡ 47 : 함수 호출 시 설정된 값 중 Key 값이 "SW03"과 같은 경우의 조건을 의미합니다.

➡ 48 : 3번 조명 스위치의 상태 값에 함수 호출 시 설정된 Value 값을 대입 시키라는 의미입니다.

➡ 49 : txtSW3이란 이름을 가진 TextBox의 값에 함수 호출 시 설정된 Value 값을 대입 시키라는 의미입니다.

➡ 50 : 조명 디바이스의 현재 상태 값을 요청하는 사용자 정의 함수의 시작을 의미합니다.

➡ 51 : 메시지 임시 저장을 위한 변수 선언을 의미합니다.

➡ 52 : 함수 호출 시 설정된 값이 "req1"와 같은 경우 53 라인을 실행하라는 의미합니다.

➡ 53 : strmsg 변수에 "set`Dlight`SW01`REQ"의 값을 대입 시키라는 의미입니다.

➡ 54 : 함수 호출 시 설정된 값이 "req2"와 같은 경우 55 라인을 실행하라는 의미입니다.
➡ 55 : strmsg 변수에 "set`Dlight`SW02`REQ"의 값을 대입 시키라는 의미입니다.
➡ 56 : 함수 호출 시 설정된 값이 "req3"와 같은 경우 57 라인을 실행하라는 의미입니다.
➡ 57 : strmsg 변수에 "set`Dlight`SW03`REQ"의 값을 대입 시키라는 의미입니다.
➡ 58 : 사용자 정의 함수 SendMessage()에 설정 값 strmsg를 넣어서 호출하는 것을 의미합니다.
➡ 59 : 조명 디바이스에 조명 켜기 명령을 보내는 사용자 정의 함수의 시작을 의미합니다.
➡ 60 : 메시지 임시 저장을 위한 변수 선언을 의미합니다.
➡ 61 : 함수 호출 시 설정된 값이 "on1"와 같은 경우 62 라인을 실행하라는 의미합니다.
➡ 62 : strmsg 변수에 "set`Dlight`SW01`10"의 값을 대입 시키라는 의미입니다.
➡ 63 : 함수 호출 시 설정된 값이 "on2"와 같은 경우 64 라인을 실행하라는 의미합니다.
➡ 64 : strmsg 변수에 "set`Dlight`SW02`10"의 값을 대입 시키라는 의미입니다.
➡ 65 : 함수 호출 시 설정된 값이 "on3"와 같은 경우 66 라인을 실행하라는 의미합니다.
➡ 66 : strmsg 변수에 "set`Dlight`SW03`10"의 값을 대입 시키라는 의미입니다.
➡ 67 : 사용자 정의 함수 SendMessage()에 설정 값 strmsg를 넣어서 호출하는 것을 의미합니다.
➡ 68 : 조명 디바이스에 조명 끄기 명령을 보내는 사용자 정의 함수의 시작을 의미합니다.
➡ 69 : 메시지 임시 저장을 위한 변수 선언을 의미합니다.
➡ 70 : 함수 호출 시 설정된 값이 "off1"와 같은 경우 71 라인을 실행하라는 의미합니다.
➡ 71 : strmsg 변수에 "set`Dlight`SW01`0"의 값을 대입 시키라는 의미입니다.
➡ 72 : 함수 호출 시 설정된 값이 "off2"와 같은 경우 73 라인을 실행하라는 의미합니다.
➡ 73 : strmsg 변수에 "set`Dlight`SW02`0"의 값을 대입 시키라는 의미입니다.
➡ 74 : 함수 호출 시 설정된 값이 "off3"와 같은 경우 75 라인을 실행하라는 의미합니다.
➡ 75 : strmsg 변수에 "set`Dlight`SW03`0"의 값을 대입 시키라는 의미입니다.
➡ 76 : 사용자 정의 함수 SendMessage()에 설정 값 strmsg를 넣어서 호출하는 것을 의미합니다.
➡ 77 : 조명의 상태를 체크하는 사용자 정의 함수의 시작을 의미합니다.
➡ 78 : XSock Active-X의 Send 메서드를 사용하여 조명 디바이스와의 소켓 통신 시작을 의미하는 프로토콜인 "link`section_name=DLight" 메시지를 보내라는 것을 의미합니다.
➡ 79 : 조명 디바이스에 설정된 값 명령을 보내는 사용자 정의 함수의 시작을 의미합니다.
➡ 80 : 메시지 임시 저장을 위한 변수 선언을 의미합니다.
➡ 81 : 함수 호출 시 설정된 값을 적용하는 부분입니다.
➡ 82 : 함수 호출 시 설정된 값이 "cmd1"와 같은 경우 아래 83, 84 라인을 실행하라는 의미입니다.
➡ 83 : strmsg 변수에 "set`Dlight`SW01`"와 SW01_Value의 문자열을 더한 값을 대입 시키라는 의미입니다.
➡ 84 : 사용자 정의 함수 SendMessage()에 설정 값 strmsg를 넣어서 호출하는 것을 의미합니다.
➡ 85 : 함수 호출 시 설정된 값이 "cmd2"와 같은 경우 아래 86, 87 라인을 실행하라는 의미입니다.
➡ 86 : strmsg 변수에 "set`Dlight`SW02`"와 SW02_Value의 문자열을 더한 값을 대입 시키라는 의미입니다.
➡ 87 : 사용자 정의 함수 SendMessage()에 설정 값 strmsg를 넣어서 호출하는 것을 의미합니다.

➡ 88 : 함수 호출 시 설정된 값이 "cmd3"와 같은 경우 아래 89, 90 라인을 실행하라는 의미입니다.

➡ 89 : strmsg 변수에 "set`Dlight`SW03`"와 SW03_Value의 문자열을 더한 값을 대입 시키라는 의미입니다.

➡ 90 : 사용자 정의 함수 SendMessage()에 설정 값 strmsg를 넣어서 호출하는 것을 의미합니다.

➡ 91 : 홈 서버로 데이터를 전송하기 위한 사용자 정의 함수의 시작을 의미합니다.

➡ 92 : XSock Active-X의 Send 메서드를 사용하여 홈 서버로 msg 내용을 보내라는 것을 의미합니다.

➡ 94 : XSock Active-X를 통해 홈 서버로부터 받은 데이터를 처리하는 JavaScript 부분의 시작을 의미합니다.

➡ 95 : XSock Active-X를 통해 홈 서버로부터 받은 데이터를 "!"를 기준으로 분리하여 token 배열에 대입하는 것을 의미합니다.

➡ 96 : 변수 count의 값에 0을 대입하는 것을 의미합니다.

➡ 97 : token 배열의 수 만큼 for 문을 돌리는 것을 의미합니다.

➡ 98 : token 배열에 내용이 없다는 조건을 의미합니다.

➡ 99 : token 배열에 내용이 있는 경우의 조건을 의미합니다.

➡ 100 : XSock Active-X를 통해 홈 서버로부터 받은 token 배열의 데이터 중 count에 해당하는 데이터를 "`"을 기준으로 분리하여 getData 배열에 대입하는 것을 의미합니다.

➡ 101 : getData[2]의 값이 "SW01" 또는 "SW02" 또는 "SW03"인 경우의 조건을 의미합니다.

➡ 102 : getData[3]의 값이 "NONE"가 아닌 경우의 조건을 의미합니다.

➡ 103 : 사용자 정의 함수 DisplayValue()에 설정 값 getData[2], getData[3]의 값을 넣어서 호출하는 것을 의미합니다.

➡ 104 : XSock Active-X를 통해 홈 서버로부터 받은 데이터를 처리하는 JavaScript 부분의 끝을 의미합니다.

```
<div id='ActiveX' style="Z-INDEX: 1; LEFT: 0px; VISIBILITY: hidden; WIDTH: 300px; POSITION:
 absolute;TOP: 0px; HEIGHT: 50px">

<table bgcolor="#ffffff" width=400 height=50 border=0 cellpadding=0 cellspacing=0 >

<tr> <td valign=top >

    <OBJECT id=XSock codeBase=./XSockClient.cab height=10 width=10
     align=center classid=clsid:2328F294-DD85-11D3-B4AF-00C04F2B300E>
    <PARAM NAME="_Version" VALUE="65536">
    <PARAM NAME="_ExtentX" VALUE="265">
    <PARAM NAME="_ExtentY" VALUE="265">
    <PARAM NAME="_StockProps" VALUE="0">
    <PARAM NAME="LocalAddress" VALUE="">
    <PARAM NAME="LocalPort" VALUE="0">
    <PARAM NAME="NullTerminate" VALUE="-1">
    <PARAM NAME="ReceiveBufferCount" VALUE="4096">
    <PARAM NAME="SendMsg" VALUE="">
    <PARAM NAME="SendLen" VALUE="0">
    <PARAM NAME="RecvBuf" VALUE="h홉&#1;??EM`TIME`20061206102217!">
```

```
     </OBJECT>
5  </td> </tr>
6  </table>
7  </div>
```

➡ 1 : 블록 설정의 시작을 의미합니다. 이 블록은 보이지 않기 옵션이 설정 되었는데 이 블록 안의 내용을 보기 위해서는 VISIBILITY:visible로 변경하면 됩니다. 이 블록의 위치는 절대 좌표로 위치합니다.
➡ 2 : table의 시작을 의미하며 속성으로 table의 백그라운드와 넓이와 높이 선의 굵기가 설정되었습니다.
➡ 3 : valign=top 는 맨 위 정렬을 의미합니다.
➡ 4 : Socket 통신 용도의 id가 XSock 인 Active-X를 의미합니다.
➡ 7 : "Active-X" id로 그룹 지어진 태그의 끝을 의미합니다.

5-2 난방 디바이스 WebPage 화면 구성

5-2-1. 난방 Web Page 1단계

*** 학습목표**
- 2장 항목에서 익히 HTML 태그를 이용하여 난방 디바이스 HTML 문서를 작성해 본다.
- 2장 항목에서 익히 JavaScript 문법을 사용하여 난방 디바이스 HTML 문서를 작성해 본다.
- Active-X를 이용한 조명 디바이스 Socket 통신 HTML 문서 작성해 본다.

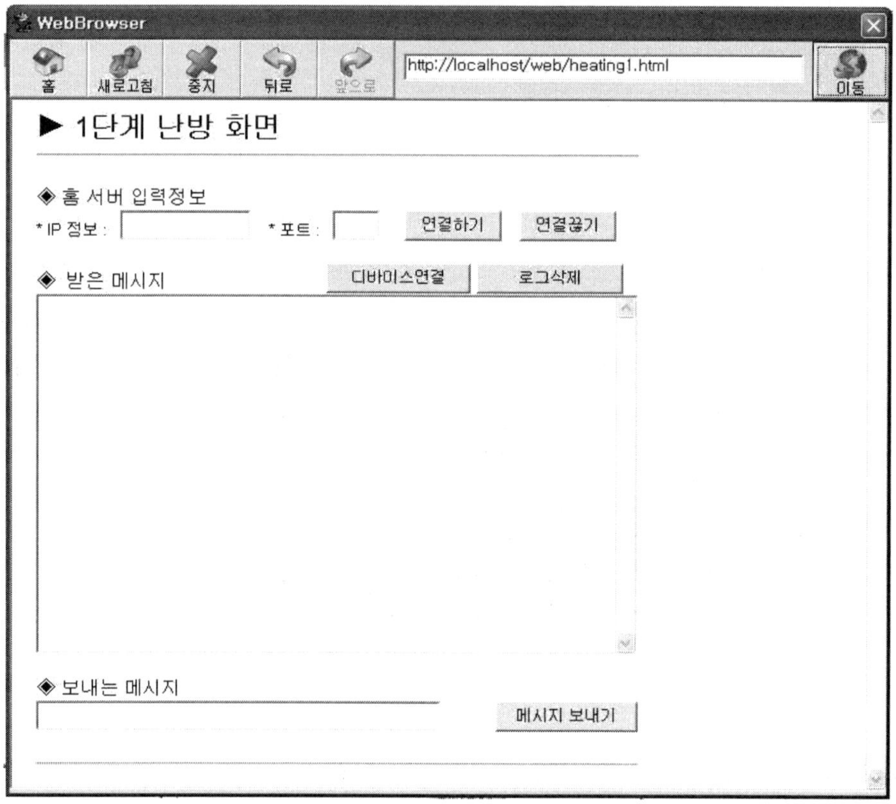

1) 소스 작성

① 아래와 같은 내용의 소스를 AcroEdit로 작성한다.

```
<!DOCTYPE HTML PUBLIC "-//W3C//DTD HTML 4.01 Transitional//EN">
<html>
<head>
<title>:::::::::: 1단계 난방 페이지 ::::::::::</title>
<meta http-equiv="Content-Type" content="text/html; charset=euc-kr">
<STYLE TYPE="text/css">
.button{background-color:#dddddd;font-size=10pt;border:1x solid #808080}
</STYLE>
<script language="javascript" src="server_info.js" ></script>
<script language="javascript" >
```

```
// 홈 서버와 소켓 연결을 끊는 Function
function disconnect ()
{
                if ( document.XSock ) document.XSock.Send( 'disconnect`100`100' , 0 );
                if (document.XSock ) document.XSock.Close();
}

// 홈 서버와 소켓을 연결하는 Function
function connect ()
{
                if (txtIp.value =="" || txtPort.value =="") {
                  alert("입력 정보를 더 넣어주세요.");
                }
                else if ( document.XSock ) {
                  var temp1 = document.XSock.Connect( txtIp.value, txtPort.value  );
                  var server_ip = txtIp.value;
    var server_port = txtPort.value;
                }
}

// 난방 디바이스와 링크를 시작하는 Function
function check ()
{
                document.all.resultMsg.value = "메시지 받기 시작" ;
                if ( document.XSock ) { document.XSock.Send( "link`section_name=VM01" ,
0 ); }
}

//이벤트 로그 데이터를 삭제하는 Function
function logdel ()
{
  document.all.resultMsg.value = "" ;
}
```

```
// 홈 서버에 소켓 메시지를 전달하는 Function
function SendMessage ( msg )
{
                if ( document.XSock ) { document.XSock.Send( msg , 0 ); }
}
</script>
<script language="Javascript" FOR="XSock"  EVENT="OnReceive( lpData, nBuffLen )" >
                                var token = lpData.split("!");
                                var count = 0 ;

                                for( ; count < token.length; count ++ )
                                {
                                   if(token[count] == "")
                                   {

                                   }
                                   else{
                                   document.all.resultMsg.value =
document.all.resultMsg.value + "₩n" + token[count]   ;
                                   }
        }
</script>
</head>
<body leftmargin=20 topmargin=10 >
<table cellSpacing  =0 cellPadding=0 width=500 border=0 background="">
  <tr>
    <td align=left> <font face="Arial, Helvetica, sans-serif" size=5 > <FONT size=5> </FONT>
      ▶ 1단계 난방 화면 </font>  </td>
  </tr>
  <tr> <td> <hr style="WIDTH: 500px; HEIGHT: 2px" align=left SIZE=2> </td> </tr>
  <tr> <td>  </td> </tr>
  <tr>
    <td valign=absmiddle> <font face="Arial, Helvetica, sans-serif" size=3 >
      ◈ 홈 서버 입력정보 </font>  </td>
  </tr>
```

```
<tr>
   <td>
    <p align=left>
      <font face=Arial size=2>* IP 정보 :</font> 
      <input name = txtIp style = "WIDTH: 110px; HEIGHT: 25px" size =4>  
      <font face=Arial size=2>* 포트 :</font></FONT> 
      <input name = txtPort style = "WIDTH: 40px; HEIGHT: 25px" size =4>   
      <input name=btnconnect style="WIDTH: 80px; HEIGHT: 25px" type=button size=25 value=
연결하기 OnClick='connect();'>  
      <input name=btndisconnect style="WIDTH: 79px; HEIGHT: 25px" type=button size=25
value=연결끊기 OnClick='disconnect();'>
    </p>
   </td>
  </tr>
  <tr> <td> <br> </td> </tr>
  <tr>
   <td>
   <font face=Arial size=3 > ◈  받은 메시지
             &n
bsp;

             &n
bsp;   </font>
   <input name=btnlink style="WIDTH: 120px; HEIGHT: 25px" type=button size=41 value="디바이
스연결" OnClick='check();'>
   <input name=btnclear style="WIDTH: 120px; HEIGHT: 25px" type=button size=41 value="로그
삭제" OnClick='logdel();'>
   <TEXTAREA style="WIDTH: 500px; HEIGHT: 300px" name=resultMsg rows=1 readOnly
cols=50> </TEXTAREA> 
   </td>
  </tr>
  <tr> <td> <br> </td> </tr>
  <tr>
   <td>
   <font face=Arial size=3 >    ◈ 보내는 메시지</font>
   <input name = txtmsg style = "WIDTH: 338px; HEIGHT: 25px" size
=2>         <INPUT style="WIDTH: 117px;
HEIGHT: 25px" onclick=SendMessage(txtmsg.value); type=button size=39 value="메시지 보내기"
name=btnsend>
```

```
</td>
  </tr>


  </table>


<br>
<table width=470 border=0 cellspacing=0 cellpadding=0>
   <tr> <td> <hr style="WIDTH: 500px; HEIGHT: 2px" align=left SIZE=2> </td> </tr>
</table>


<div id='ActiveX' style="Z-INDEX: 1; LEFT: 0px; VISIBILITY: hidden; WIDTH: 300px; POSITION:
absolute; TOP: 0px; HEIGHT: 50px">
<table bgcolor="#ffffff" width=400 height=50 border=0 cellpadding=0 cellspacing=0 >
<tr> <td valign=top >
      <OBJECT id=XSock codeBase=./XSockClient.cab height=10 width=10
      align=center classid=clsid:2328F294-DD85-11D3-B4AF-00C04F2B300E> <PARAM
NAME="_Version" VALUE="65536"> <PARAM NAME="_ExtentX" VALUE="265"> <PARAM
NAME="_ExtentY" VALUE="265"> <PARAM NAME="_StockProps" VALUE="0"> <PARAM
NAME="LocalAddress" VALUE=""> <PARAM NAME="LocalPort" VALUE="0"> <PARAM
NAME="NullTerminate" VALUE="-1"> <PARAM NAME="ReceiveBufferCount"
VALUE="4096"> <PARAM NAME="SendMsg" VALUE=""> <PARAM NAME="SendLen"
VALUE="0"> <PARAM NAME="RecvBuf" VALUE="h흚
&#1;??EM`TIME`20061206102217!"> </OBJECT>
</td> </tr>
</table>
</div>


</body>
</html>
```

② C: \APM_Setup \htdocs \test 폴더에 heating_1.html 이름으로 저장한다.

③ Web Browser로 http://localhost/test/heating_1.html 접속하여 화면을 확인한다.

2) 소스 해설

제공된 화면과 다른 결과가 주어진다면 소스파일을 기준으로 과정 5-1과 같이 각각의 명령함수에 대한 이해와 분석을 하도록 한다.

5-2-2. 난방 Web Page 2단계

> *** 학습목표**
> - 새로 추가된 Table과 버튼 태그를 적용한 조명 디바이스 HTML 문서를 작성해 본다.
> - JavaScript 사용자 함수를 작성하여 원하는 조명 스위치를 원하는 형태로 제어하는 HTML 문서를 작성해 본다.
> - 소켓 통신을 통해 받은 데이터를 분석하여 원하는 형태로 Display 하는 조명 디바이스 HTML 문서를 작성해 본다.

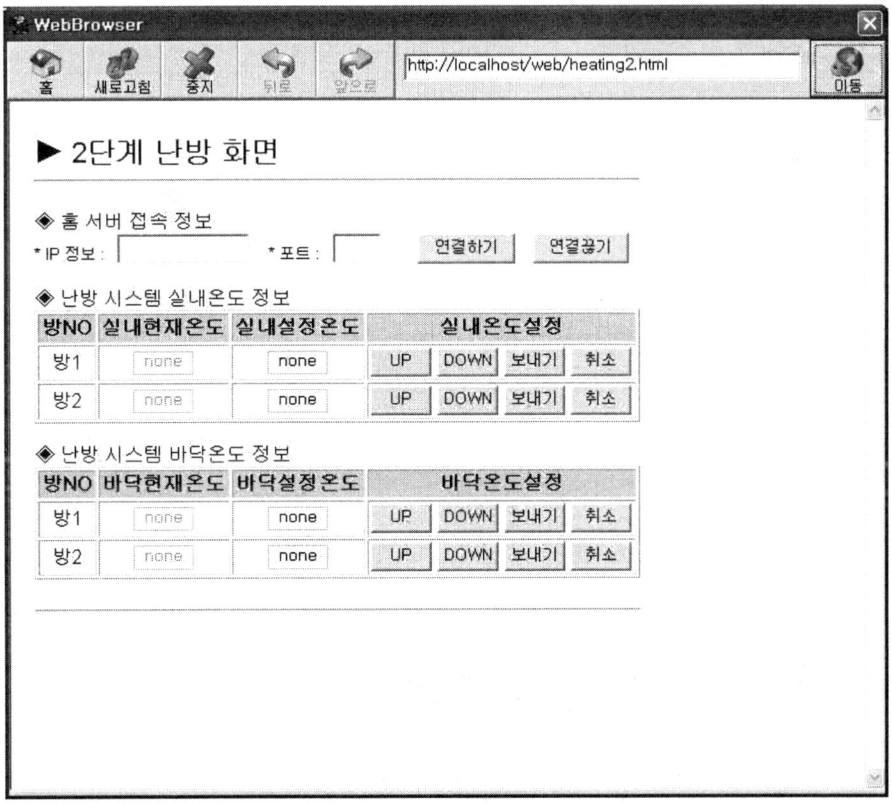

1) 소스 작성

① 아래와 같은 내용의 소스를 AcroEdit로 작성한다.

```
<!DOCTYPE HTML PUBLIC "-//W3C//DTD HTML 4.01 Transitional//EN">
<html>
<head>
<title>:::::::::: 2단계 난방 페이지 ::::::::::</title>
<meta http-equiv="Content-Type" content="text/html; charset=euc-kr">
<STYLE TYPE="text/css">
.button{background-color:#dddddd;font-size=10pt;border:1x solid #808080}
.box1{ background-color:#FFFFFF; border:1x solid #D5D4D5; font-family:??;font-
size:10pt; TEXT-ALIGN: LEFT;}
.box2{ background-color:#FFFFFF; border:1x solid #D5D4D5; font-family:??;font-
size:10pt; TEXT-ALIGN: CENTER;}
</STYLE>
<script language="javascript" src="server_info.js" ></script>
<script language="javascript" >
```

```
   var C_TempValue1 ;
  var S_TempValue1 ;
  var C_FTempValue1 ;
  var S_FTempValue1 ;
  var C_TempValue2 ;
  var S_TempValue2 ;
  var C_FTempValue2 ;
  var S_FTempValue2 ;
  var preMSG_Room1 ;
  var preMSG_Room2 ;

function init()
{
                    if ( document.XSock ) { var temp1 =
document.XSock.Connect( "211.219.154.143" , "8165" );
                    window.setTimeout('Check()', 1000);
  }
}

function disconnect ()
{
                     if ( document.XSock ) document.XSock.Send( 'disconnect`100`100' , 0 );
                     if (document.XSock ) document.XSock.Close();
}

function connect ()
{
                    if (txtIp.value =="" || txtPort.value =="") {
                       alert("입력 정보를 더 넣어주세요.");
                    }
                    else if ( document.XSock ) {
                       var temp1 = document.XSock.Connect( txtIp.value, txtPort.value  );
                       var server_ip = txtIp.value;
    var server_port = txtPort.value;
                    }
}


function TempClear( msg )
{
   switch (msg) {
```

```
    case "STemp1": document.all.txtStemp1.value = ""   ; break;
    case "STemp2": document.all.txtStemp2.value = ""  ; break;
    case "SFTemp1": document.all.txtSFtemp1.value = ""  ; break;
    case "SFTemp2": document.all.txtSFtemp2.value = ""  ; break;
  }
}
```

```
function Calculate ( msg )
{
  switch (msg) {
    case "STempup1" :
      if(S_TempValue1 < 80){S_TempValue1++  ; document.all.txtStemp1.value =
S_TempValue1 ;}
      break;
    case "STempdn1" :
      if(S_TempValue1 >10){S_TempValue1--  ; document.all.txtStemp1.value =
S_TempValue1 ;}
      break;
    case "STempup2" :
      if(S_TempValue2 < 80){S_TempValue2++  ; document.all.txtStemp2.value =
S_TempValue2 ;}
      break;
    case "STempdn2" :
      if(S_TempValue2 >10){S_TempValue2--  ; document.all.txtStemp2.value =
S_TempValue2 ;}
      break;
    case "SFTempup1" :
      if(S_FTempValue1 < 80){S_FTempValue1++  ; document.all.txtSFtemp1.value =
S_FTempValue1 ;}
      break;
    case "SFTempdn1" :
      if(S_FTempValue1 > 10){S_FTempValue1--  ; document.all.txtSFtemp1.value =
S_FTempValue1 ;}
      break;
    case "SFTempup2" :
      if(S_FTempValue2 < 80){S_FTempValue2++  ; document.all.txtSFtemp2.value =
S_FTempValue2 ;}
      break;
    case "SFTempdn2" :
     if(S_FTempValue2 > 10){S_FTempValue2--  ; document.all.txtSFtemp2.value =
S_FTempValue2 ;}
      break;
  }
}

function DisplayTemp( Key, Value)
{
  if(Key == "Room1")
  {
    var Temp1 ;
    Temp1 = Value.split(",");

    preMSG_Room1 = Value;

    C_TempValue1 =  Temp1[2];
    S_TempValue1 =  Temp1[3];;
    C_FTempValue1 =  Temp1[4];;
    S_FTempValue1 =  Temp1[5];;
```

```
    document.all.txtCtemp1.value = C_TempValue1 ;
    document.all.txtStemp1.value = S_TempValue1 ;
    document.all.txtCFtemp1.value = C_FTempValue1 ;
    document.all.txtSFtemp1.value = S_FTempValue1 ;
  }
  else if(Key == "Room2")
  {
    var Temp2 ;
    preMSG_Room2 = Value;
    Temp2 = Value.split(",");


    C_TempValue2 =  Temp2[2];
    S_TempValue2 =  Temp2[3];;
    C_FTempValue2 =  Temp2[4];;
    S_FTempValue2 =  Temp2[5];;

    document.all.txtCtemp2.value = C_TempValue2 ;
    document.all.txtStemp2.value = S_TempValue2 ;
    document.all.txtCFtemp2.value = C_FTempValue2 ;
    document.all.txtSFtemp2.value = S_FTempValue2 ;

  }

}
function Check ()
{
//                  document.all.resultMsg.value = "메시지 받기 시작" ;
                    if ( document.XSock )
{ document.XSock.Send( "link`section_name=VM01" , 0 ); }
}


function MakeValue( msg )
{
  var strtemp ;
  var strmsg = "" ;

  switch(msg){
   case "STemp1":
        strtemp = preMSG_Room1.split(",");
        strtemp[3] = S_TempValue1;
        var count = 0 ;
                                  for( ; count < 21; count ++ )
                                  {
                                     strmsg = strmsg + strtemp[count] + ",";
                                  }
        strmsg = strmsg + strtemp[21] ;
        strmsg = "set`VM01`Room1`" + strmsg ;
        SendMessage(strmsg);
    break;
```

```
case "STemp2":
        strtemp = preMSG_Room2.split(",");
        strtemp[3] = S_TempValue2;
        var count = 0 ;
                                        for( ; count < 21; count ++ )
                                        {
                                            strmsg = strmsg + strtemp[count] + ",";
                                        }
        strmsg = strmsg + strtemp[21] ;
        strmsg = "set`VM01`Room2`" + strmsg ;
        SendMessage(strmsg);
    break;
   case "SFTemp1":
        strtemp = preMSG_Room1.split(",");
        strtemp[5] = S_FTempValue1;
        var count = 0 ;
                                        for( ; count < 21; count ++ )
                                        {
                                            strmsg = strmsg + strtemp[count] + ",";
                                        }
        strmsg = strmsg + strtemp[21] ;
        strmsg = "set`VM01`Room1`" + strmsg ;
        SendMessage(strmsg);
    break;
   case "SFTemp2":
        strtemp = preMSG_Room2.split(",");
        strtemp[5] = S_FTempValue2;
        var count = 0 ;
                                        for( ; count < 21; count ++ )
                                        {
                                            strmsg = strmsg + strtemp[count] + ",";
                                        }
        strmsg = strmsg + strtemp[21] ;
        strmsg = "set`VM01`Room2`" + strmsg ;
        SendMessage(strmsg);
    break;
  }
}

function SendMessage ( msg )
{
              if ( document.XSock ) { document.XSock.Send( msg , 0 ); }
}
</script>
<script language="Javascript" FOR="XSock"  EVENT="OnReceive( lpData, nBuffLen )" >
                                       var token = lpData.split("!");
                                       var count = 0 ;

                                       for( ; count < token.length; count ++ )
                                       {
                                          if(token[count] == "")
                                          {
```

```
                                        }
                                        else
                                        {
                                          var getData = token[count].split("`");
                                          if(getData[2] == "Room1" || getData[2]
== "Room2")
                                          {
                                            DisplayTemp(getData[2], getData[3]);
                                          }
                                        }
        }
</script>
</head>
<body leftmargin=20 topmargin=30 >
<table width=470 border=0 cellspacing=0 cellpadding=0>
  <tr>
    <td align=left> <font face="Arial, Helvetica, sans-serif" size=5 >
    ▶ 2단계 난방 화면 </font>  </td>
  </tr>
  <tr> <td> <hr style="WIDTH: 500px; HEIGHT: 2px" align=left SIZE=2> </td> </tr>
</table>
<br>
◈ 홈 서버 접속 정보 
<table width=500 border=0 cellspacing=0 cellpadding=0>
  <tr>
    <td>
      <p align=left>
        <font face=Arial size=2> * IP 정보 :</font>  
        <input name = txtIp style = "WIDTH: 110px; HEIGHT: 25px" size =4>  
        <font face=Arial size=2> * 포트 :</font> </FONT>  
        <input name = txtPort style = "WIDTH: 40px; HEIGHT: 25px" size =4>
    
        <input name=btnconnect style="WIDTH: 80px; HEIGHT: 25px" type=button size=25
value=연결하기 OnClick='init();'>   
        <input name=btndisconnect style="WIDTH: 79px; HEIGHT: 25px" type=button size=25
value=연결끊기 OnClick='disconnect();'>
      </p>
    </td>
  </tr>
  <tr> <td> </td> </tr>
</table>
<br>
◈ 난방 시스템 실내온도 정보 
<table width= 500 border=1 cellpadding=2 cellspacing=2 >
  <tr>
    <td CLASS=cellstyle1 ALIGN=middle BGCOLOR=#dddddd> <STRONG> <FONT face=굴
림>방NO</FONT> </STRONG> </td>
    <td CLASS=cellstyle1 ALIGN=middle BGCOLOR=#dddddd> <STRONG> <FONT face=굴
림>실내현재온도</FONT> </STRONG> </td>
    <td CLASS=cellstyle1 ALIGN=middle BGCOLOR=#dddddd> <STRONG> <FONT face=굴
림>실내설정온도</FONT> </STRONG> </td>
    <td CLASS=cellstyle1 ALIGN=middle BGCOLOR=#dddddd> <STRONG> <FONT face=굴
림>실내온도설정</FONT> </STRONG> </td>
```

```
</tr>
 <tr>
   <td ALIGN=middle> <FONT face=Arial> 방1</FONT> </td>
   <td ALIGN=middle> <FONT face=Arial> <INPUT NAME=txtCtemp1 style="WIDTH: 50px;
HEIGHT: 20px" CLASS=box2 VALUE="none" size=2 disabled> </FONT>
   <td ALIGN=middle> <FONT face=Arial> <INPUT NAME=txtStemp1 style="WIDTH: 50px;
HEIGHT: 20px" CLASS=box2 VALUE="none" size=2> </FONT>
   <td ALIGN=middle>
     <input style="FONT-SIZE: x-small; WIDTH: 50px; HEIGHT: 24px" type=button size=13
value=UP name=btncup1 onclick='Calculate("STempup1");'>
     <input style="FONT-SIZE: x-small; WIDTH: 50px; HEIGHT: 24px" type=button size=13
value=DOWN name=btncdn1 onclick='Calculate("STempdn1");'>
     <input style="FONT-SIZE: x-small; WIDTH: 50px; HEIGHT: 24px" type=button size=13
value=보내기 name=btncok1 onclick='MakeValue("STemp1");'>
     <input style="FONT-SIZE: x-small; WIDTH: 50px; HEIGHT: 24px" type=button size=13
value=취소 name=btncok1 onclick='TempClear("STemp1");'>
   </td>
 </tr>
 <tr>
   <td ALIGN=middle> <FONT face=Arial> 방2</FONT> </td>
   <td ALIGN=middle> <FONT face=Arial> <INPUT NAME=txtCtemp2 style="WIDTH: 50px;
HEIGHT: 20px" CLASS=box2 VALUE="none" size=2 disabled> </FONT>
   <td ALIGN=middle> <FONT face=Arial> <INPUT NAME=txtStemp2 style="WIDTH: 50px;
HEIGHT: 20px" CLASS=box2 VALUE="none" size=2> </FONT>
   <td ALIGN=middle>
     <input style="FONT-SIZE: x-small; WIDTH: 50px; HEIGHT: 24px" type=button size=13
value=UP name=btncup2 onclick='Calculate("STempup2");'>
     <input style="FONT-SIZE: x-small; WIDTH: 50px; HEIGHT: 24px" type=button size=13
value=DOWN name=btncdn2 onclick='Calculate("STempdn2");'>
     <input style="FONT-SIZE: x-small; WIDTH: 50px; HEIGHT: 24px" type=button size=13
value=보내기 name=btncok2 onclick='MakeValue("STemp2");'>
     <input style="FONT-SIZE: x-small; WIDTH: 50px; HEIGHT: 24px" type=button size=13
value=취소 name=btncok2 onclick='TempClear("STemp2");'>
   </td>
  </tr>
</table>
<br>
◈ 난방 시스템 바닥온도 정보 
<table width= 500 border=1 cellpadding=2 cellspacing=2 >
 <tr>
   <td CLASS=cellstyle1 ALIGN=middle BGCOLOR=#dddddd> <STRONG> <FONT face=굴
림>방NO</FONT> </STRONG> </td>
   <td CLASS=cellstyle1 ALIGN=middle BGCOLOR=#dddddd> <STRONG> <FONT face=굴
림>바닥현재온도</FONT> </STRONG> </td>
   <td CLASS=cellstyle1 ALIGN=middle BGCOLOR=#dddddd> <STRONG> <FONT face=굴
림>바닥설정온도</FONT> </STRONG> </td>
   <td CLASS=cellstyle1 ALIGN=middle BGCOLOR=#dddddd> <STRONG> <FONT face=굴
림>바닥온도설정</FONT> </STRONG> </td>
 </tr>
 <tr>
   <td ALIGN=middle> <FONT face=Arial> 방1</FONT> </td>
   <td ALIGN=middle> <FONT face=Arial> <INPUT NAME=txtCFtemp1 style="WIDTH: 50px;
HEIGHT: 20px" CLASS=box2 VALUE="none" size=2 disabled> </FONT>
```

```
    <td ALIGN=middle> <FONT face=Arial> <INPUT NAME=txtSFtemp1 style="WIDTH: 50px;
HEIGHT: 20px" CLASS=box2 VALUE="none" size=2> </FONT>
    <td ALIGN=middle>
      <input style="FONT-SIZE: x-small; WIDTH: 50px; HEIGHT: 24px" type=button size=13
value=UP name=btnfup1 onclick='Calculate("SFTempup1");'>
      <input style="FONT-SIZE: x-small; WIDTH: 50px; HEIGHT: 24px" type=button size=13
value=DOWN name=btnfdn1 onclick='Calculate("SFTempdn1");'>
      <input style="FONT-SIZE: x-small; WIDTH: 50px; HEIGHT: 24px" type=button size=13
value=보내기 name=btnfok1 onclick='MakeValue("SFTemp1");'>
      <input style="FONT-SIZE: x-small; WIDTH: 50px; HEIGHT: 24px" type=button size=13
value=취소 name=btnfok1 onclick='TempClear("SFTemp1");'>
    </td>
  </tr>
  <tr>
    <td ALIGN=middle> <FONT face=Arial> 방2</FONT> </td>
    <td ALIGN=middle> <FONT face=Arial> <INPUT NAME=txtCFtemp2 style="WIDTH: 50px;
HEIGHT: 20px" CLASS=box2 VALUE="none" size=2 disabled> </FONT>
    <td ALIGN=middle> <FONT face=Arial> <INPUT NAME=txtSFtemp2 style="WIDTH: 50px;
HEIGHT: 20px" CLASS=box2 VALUE="none" size=2> </FONT>
    <td ALIGN=middle>
      <input style="FONT-SIZE: x-small; WIDTH: 50px; HEIGHT: 24px" type=button size=13
value=UP name=btnfup2 onclick='Calculate("SFTempup2");'>
      <input style="FONT-SIZE: x-small; WIDTH: 50px; HEIGHT: 24px" type=button size=13
value=DOWN name=btnfdn2 onclick='Calculate("SFTempdn2");'>
      <input style="FONT-SIZE: x-small; WIDTH: 50px; HEIGHT: 24px" type=button size=13
value=보내기 name=btnfok2 onclick='MakeValue("SFTemp2");'>
      <input style="FONT-SIZE: x-small; WIDTH: 50px; HEIGHT: 24px" type=button size=13
value=취소 name=btnfok2 onclick='TempClear("SFTemp2");'>
    </td>
  </tr>

</table>
<br>
<table width=470 border=0 cellspacing=0 cellpadding=0>
  <tr> <td> <hr style="WIDTH: 500px; HEIGHT: 2px" align=left SIZE=2> </td> </tr>
</table>
<div id='ActiveX' style="Z-INDEX: 1; LEFT: 0px; VISIBILITY: hidden; WIDTH: 300px;
POSITION: absolute; TOP: 0px; HEIGHT: 50px">
<table bgcolor="#ffffff" width=400 height=50 border=0 cellpadding=0 cellspacing=0 >
<tr> <td valign=top >
    <OBJECT id=XSock codeBase=./XSockClient.cab height=10 width=10
    align=center classid=clsid:2328F294-DD85-11D3-B4AF-00C04F2B300E> <PARAM
NAME="_Version" VALUE="65536"> <PARAM NAME="_ExtentX" VALUE="265"> <PARAM
NAME="_ExtentY" VALUE="265"> <PARAM NAME="_StockProps" VALUE="0"> <PARAM
NAME="LocalAddress" VALUE=""> <PARAM NAME="LocalPort" VALUE="0"> <PARAM
NAME="NullTerminate" VALUE="-1"> <PARAM NAME="ReceiveBufferCount"
VALUE="4096"> <PARAM NAME="SendMsg" VALUE=""> <PARAM NAME="SendLen"
VALUE="0"> <PARAM NAME="RecvBuf" VALUE="h홂
&#1;??EM`TIME`20061206102217!"> </OBJECT>
</td> </tr>
</table>
</div>
</body>
</html>
```

② C: \APM_Setup \htdocs \test 폴더에 heating_2.html 이름으로 저장한다.

③ Web Browser로 http://localhost/test/heating_2.html 접속하여 화면을 확인한다.

2) 소스 해설

제공된 화면과 다른 결과가 주어진다면 소스파일을 기준으로 과정 5-1과 같이 각각의 명령함수에 대한 이해와 분석을 하도록 한다.

5-3 블라인드 디바이스 Webpage 화면 구성

5-3-1. 블라인드 Web Page 1단계

＊ 학습목표
- 2장 항목에서 익히 HTML 태그를 이용하여 난방 디바이스 HTML 문서를 작성해 본다.
- 2장 항목에서 익히 JavaScript 문법을 사용하여 난방 디바이스 HTML 문서를 작성해 본다.
- Active-X를 이용한 조명 디바이스 Socket 통신 HTML 문서 작성해 본다.

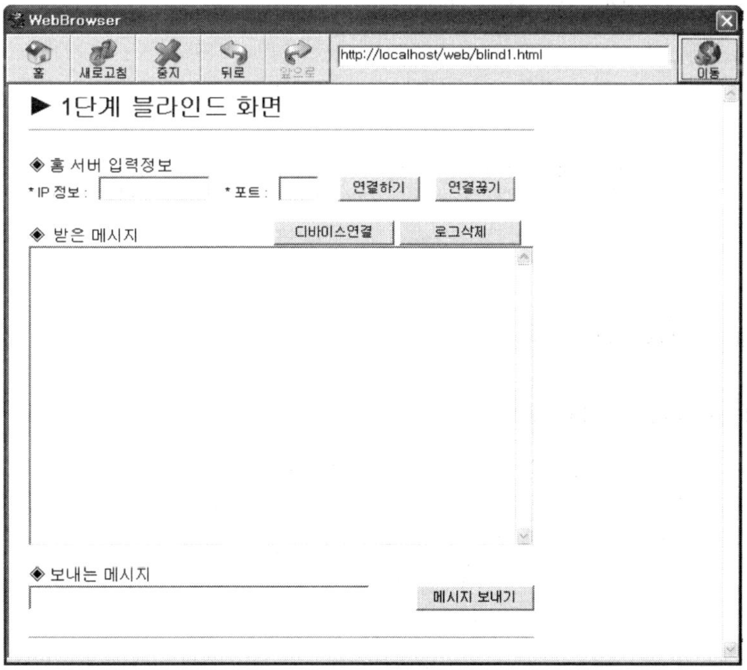

1) 소스 작성

① 아래와 같은 내용의 소스를 AcroEdit로 작성한다.

```
<!DOCTYPE HTML PUBLIC "-//W3C//DTD HTML 4.01 Transitional//EN">
<html>
<head>
<title>:::::::::: 1단계 블라인드 페이지 ::::::::::</title>
<meta http-equiv="Content-Type" content="text/html; charset=euc-kr">
<STYLE TYPE="text/css">
.button{background-color:#dddddd;font-size=10pt;border:1x solid #808080}
</STYLE>
<script language="javascript" src="server_info.js" ></script>
<script language="javascript" >
```

```
function disconnect ()
{
                if ( document.XSock ) document.XSock.Send( 'disconnect`100`100' , 0 );
                if (document.XSock ) document.XSock.Close();
}

function connect ()
{
                if (txtIp.value =="" || txtPort.value =="") {
                   alert("입력 정보를 더 넣어주세요.");
                }
                else if ( document.XSock ) {
                   var temp1 = document.XSock.Connect( txtIp.value, txtPort.value );
                   var server_ip = txtIp.value;
    var server_port = txtPort.value;
                }
}

function check ()
{
                document.all.resultMsg.value = "메시지 받기 시작" ;
                if ( document.XSock ) { document.XSock.Send( "link`section_name=Blind" ,
0 ); }
}

function logdel ()
{
   document.all.resultMsg.value = "" ;
}

function SendMessage ( msg )
{
                if ( document.XSock ) { document.XSock.Send( msg , 0 ); }
}
</script>
<script language="Javascript" FOR="XSock"  EVENT="OnReceive( lpData, nBuffLen )" >
                        var token = lpData.split("!");
                        var count = 0 ;
```

```
                                    for( ; count < token.length; count ++ )
                                    {
                                        if(token[count] == "")
                                        {

                                        }
                                        else{
                                        document.all.resultMsg.value =
document.all.resultMsg.value + "₩n" + token[count]   ;
                                        }
        }
</script>
</head>
<body leftmargin=20 topmargin=10 >
<table cellSpacing  =0 cellPadding=0 width=500 border=0 background="">
```

```
  <tr>
    <td align=left> <font face="Arial, Helvetica, sans-serif" size=5 > <FONT size=5> </FONT>
      ▶ 1단계 블라인드 화면 </font>  </td>
  </tr>
  <tr> <td> <hr style="WIDTH: 500px; HEIGHT: 2px" align=left SIZE=2> </td> </tr>
  <tr> <td>  </td> </tr>
  <tr>
    <td valign=absmiddle> <font face="Arial, Helvetica, sans-serif" size=3 >
      ◈ 홈 서버 입력정보 </font>  </td>
  </tr>
  <tr>
    <td>
      <p align=left>
        <font face=Arial size=2> * IP 정보 :</font>  
        <input name = txtIp style = "WIDTH: 110px; HEIGHT: 25px" size =4>  
        <font face=Arial size=2> * 포트 :</font> </FONT>  
        <input name = txtPort style = "WIDTH: 40px; HEIGHT: 25px" size =4>   
        <input name=btnconnect style="WIDTH: 80px; HEIGHT: 25px" type=button size=25
value=연결하기 OnClick='connect();'>   
        <input name=btndisconnect style="WIDTH: 79px; HEIGHT: 25px" type=button size=25
value=연결끊기 OnClick='disconnect();'>
      </p>
    </td>
  </tr>
  <tr> <td> <br> </td> </tr>
  <tr>
    <td>
    <font face=Arial size=3 > ◈  받은 메시지
                                             </font>
    <input name=btnlink style="WIDTH: 120px; HEIGHT: 25px" type=button size=41 value="
디바이스연결" OnClick='check();'>
    <input name=btnclear style="WIDTH: 120px; HEIGHT: 25px" type=button size=41 value="
로그삭제" OnClick='logdel();'>
<TEXTAREA style="WIDTH: 500px; HEIGHT: 300px" name=resultMsg rows=1 readOnly
cols=50> </TEXTAREA>  
```

```
    </td>
  </tr>
  <tr> <td> <br> </td> </tr>
  <tr>
    <td>
    <font face=Arial size=3 >    ◈ 보내는 메시지 </font>
    <input name = txtmsg style = "WIDTH: 338px; HEIGHT: 25px" size
=2>          <INPUT style="WIDTH: 117px;
HEIGHT: 25px" onclick=SendMessage(txtmsg.value); type=button size=39 value="메시지 보
내기" name=btnsend>
    </td>
  </tr>

  </table>
```

```
<br>
<table width=470 border=0 cellspacing=0 cellpadding=0>
  <tr> <td> <hr style="WIDTH: 500px; HEIGHT: 2px" align=left SIZE=2> </td> </tr>
</table>

<div id='ActiveX' style="Z-INDEX: 1; LEFT: 0px; VISIBILITY: hidden; WIDTH: 300px;
POSITION: absolute; TOP: 0px; HEIGHT: 50px">
<table bgcolor="#ffffff" width=400 height=50 border=0 cellpadding=0 cellspacing=0 >
<tr> <td valign=top >
      <OBJECT id=XSock codeBase=./XSockClient.cab height=10 width=10
      align=center classid=clsid:2328F294-DD85-11D3-B4AF-00C04F2B300E> <PARAM
NAME="_Version" VALUE="65536"> <PARAM NAME="_ExtentX" VALUE="265"> <PARAM
NAME="_ExtentY" VALUE="265"> <PARAM NAME="_StockProps" VALUE="0"> <PARAM
NAME="LocalAddress" VALUE=""> <PARAM NAME="LocalPort" VALUE="0"> <PARAM
NAME="NullTerminate" VALUE="-1"> <PARAM NAME="ReceiveBufferCount"
VALUE="4096"> <PARAM NAME="SendMsg" VALUE=""> <PARAM NAME="SendLen"
VALUE="0"> <PARAM NAME="RecvBuf" VALUE="x&#1;> &#4;?> &#4;"> </OBJECT>
</td> </tr>
</table>
</div>
</body>
</html>
```

② C: \APM_Setup \htdocs \test 폴더에 blind_1.html 이름으로 저장한다.

③ Web Browser로 http://localhost/test/blind_1.html 접속하여 화면을 확인한다.

2) 소스 해설

제공된 화면과 다른 결과가 주어진다면 소스파일을 기준으로 과정 5-1과 같이 각각의 명령함수에 대한 이해와 분석을 하도록 한다.

5-3-2. 블라인드 Web Page 2단계

* **학습목표**
- 새로 추가된 Table과 버튼 태그를 적용한 조명 디바이스 HTML 문서를 작성해 본다.
- JavaScript 사용자 함수를 작성하여 원하는 조명 스위치를 원하는 형태로 제어하는 HTML 문서를 작성해 본다.
- 소켓 통신을 통해 받은 데이터를 분석하여 원하는 형태로 Display 하는 조명 디바이스 HTML 문서를 작성해 본다.

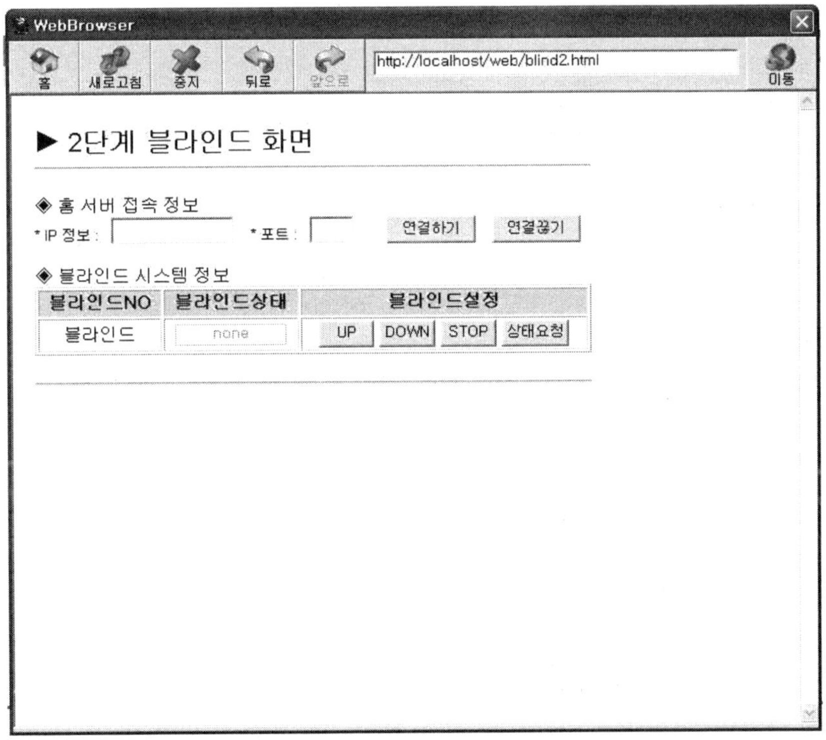

1) 소스 작성

① 아래와 같은 내용의 소스를 AcroEdit로 작성한다.

```
<!DOCTYPE HTML PUBLIC "-//W3C//DTD HTML 4.01 Transitional//EN">
<html>
<head>
<title>:::::::::: 2단계 블라인드 페이지 :::::::::::</title>
<meta http-equiv="Content-Type" content="text/html; charset=euc-kr">
<STYLE TYPE="text/css">
.button{background-color:#dddddd;font-size=10pt;border:1x solid #808080}
.box1{ background-color:#FFFFFF; border:1x solid #D5D4D5; font-family:??;font-
size:10pt; TEXT-ALIGN: LEFT;}
.box2{ background-color:#FFFFFF; border:1x solid #D5D4D5; font-family:??;font-
size:10pt; TEXT-ALIGN: CENTER;}
</STYLE>
<script language="javascript" src="server_info.js" > </script>
<script language="javascript" >
```

```
function init()
{
                    if ( document.XSock ) { var temp1 =
document.XSock.Connect( "211.219.154.143" , "8165" );
                    window.setTimeout('Check()', 1000);
  }
}
function disconnect ()
{
                     if ( document.XSock ) document.XSock.Send( 'disconnect`100`100'  , 0 );
                     if (document.XSock ) document.XSock.Close();
}
function connect ()
{
                    if (txtIp.value =="" || txtPort.value =="") {
                       alert("입력 정보를 더 넣어주세요.");
                    }
                    else if ( document.XSock ) {
                       var temp1 = document.XSock.Connect( txtIp.value, txtPort.value  );
                       var server_ip = txtIp.value;
    var server_port = txtPort.value;
                    }
}
function DisplayValue( Key, Value)
{
  if(Key == "Blind1")
  {
    document.all.txtBlind1.value = Value ;
  }
}

function SendReq( msg )
{
  var strmsg ;
  if(msg == "req1")
  {
    strmsg = "set`Blind`Blind1`REQ" ;
  }
  SendMessage(strmsg);
}

function SendCmd( msg )
{
```

```
   var strmsg ;
   if(msg == "up")
   {
    strmsg = "set`Blind`Blind1`UP" ;
   }
   else if(msg == "dn")
   {
    strmsg = "set`Blind`Blind1`DOWN" ;
   }
   else if(msg == "stop")
   {
```

```
  strmsg = "set`Blind`Blind1`STOP" ;
  }
    SendMessage(strmsg);
 }

 function Check ()
 {
 //                  document.all.resultMsg.value = "메시지 받기 시작" ;
                     if ( document.XSock ) { document.XSock.Send( "link`section_name=Blind" ,
 0 ); }
 }

 function SendMessage ( msg )
 {
                     if ( document.XSock ) { document.XSock.Send( msg , 0 ); }
 }
 </script>
 <script language="Javascript" FOR="XSock"  EVENT="OnReceive( lpData, nBuffLen )" >
                                  var token = lpData.split("!");
                                  var count = 0 ;

                                  for( ; count < token.length; count ++ )
                                  {
                                     if(token[count] == "")
                                     {

                                     }
                                     else
                                     {
                                      var getData = token[count].split("`");
                                      if(getData[2] == "Blind1")
                                      {
                                       if(getData[3] != "NONE"){
                                          DisplayValue(getData[2], getData[3]);
                                       }
                                      }
                                     }
        }
 </script>
 </head>
 <body leftmargin=20 topmargin=30 >
 <table width=470 border=0 cellspacing=0 cellpadding=0>
   <tr>
     <td align=left> <font face="Arial, Helvetica, sans-serif" size=5 >
```

```
    ▶ 2단계 블라인드 화면 </font>  </td>
  </tr>
  <tr> <td> <hr style="WIDTH: 500px; HEIGHT: 2px" align=left SIZE=2> </td> </tr>
</table>
<br>
◈ 홈 서버 접속 정보 
<table width=500 border=0 cellspacing=0 cellpadding=0>
  <tr>
    <td>
      <p align=left>
```

```
        <font face=Arial size=2>* IP 정보 :</font> 
        <input name = txtIp style = "WIDTH: 110px; HEIGHT: 25px" size =4>  
        <font face=Arial size=2>* 포트 :</font> </FONT> 
        <input name = txtPort style = "WIDTH: 40px; HEIGHT: 25px" size =4>
    
        <input name=btnconnect style="WIDTH: 80px; HEIGHT: 25px" type=button size=25
value=연결하기 OnClick='init();'>  
        <input name=btndisconnect style="WIDTH: 79px; HEIGHT: 25px" type=button size=25
value=연결끊기 OnClick='disconnect();'>
      </p>
    </td>
  </tr>
  <tr> <td> </td> </tr>
</table>
<br>
◈ 블라인드 시스템 정보 
<table width= 500 border=1 cellpadding=2 cellspacing=2 >
  <tr>
    <td CLASS=cellstyle1 ALIGN=middle BGCOLOR=#dddddd> <STRONG> <FONT face=굴
림>블라인드NO</FONT> </STRONG> </td>
    <td CLASS=cellstyle1 ALIGN=middle BGCOLOR=#dddddd> <STRONG> <FONT face=굴
림>블라인드상태 </FONT> </STRONG> </td>
    <td CLASS=cellstyle1 ALIGN=middle BGCOLOR=#dddddd> <STRONG> <FONT face=굴
림>블라인드설정 </FONT> </STRONG> </td>
  </tr>
  <tr>
    <td ALIGN=middle> <FONT face=Arial> 블라인드 </FONT> </td>
    <td ALIGN=middle> <FONT face=Arial> <INPUT NAME=txtBlind1 style="WIDTH: 100px;
HEIGHT: 20px" CLASS=box2 VALUE="none" size=2 disabled> </FONT>
    <td ALIGN=middle>
      <input style="FONT-SIZE: x-small; WIDTH: 50px; HEIGHT: 24px" type=button size=13
value=UP name=btnup1 onclick='SendCmd("up");'>
      <input style="FONT-SIZE: x-small; WIDTH: 50px; HEIGHT: 24px" type=button size=13
value=DOWN name=btndn1 onclick='SendCmd("dn");'>
      <input style="FONT-SIZE: x-small; WIDTH: 50px; HEIGHT: 24px" type=button size=13
value=STOP name=btnok1 onclick='SendCmd("stop");'>
      <input style="FONT-SIZE: x-small; WIDTH: 60px; HEIGHT: 24px" type=button size=13
value=상태요청 name=btnreq1 onclick='SendReq("req1");'>
    </td>
  </tr>
</table>
<br>
<table width=470 border=0 cellspacing=0 cellpadding=0>
  <tr> <td> <hr style="WIDTH: 500px; HEIGHT: 2px" align=left SIZE=2> </td> </tr>
</table>
```

```
<div id='ActiveX' style="Z-INDEX: 1; LEFT: 0px; VISIBILITY: hidden; WIDTH: 300px;
POSITION: absolute; TOP: 0px; HEIGHT: 50px">
<table bgcolor="#ffffff" width=400 height=50 border=0 cellpadding=0 cellspacing=0 >
<tr> <td valign=top >
     <OBJECT id=XSock codeBase=./XSockClient.cab height=10 width=10
     align=center classid=clsid:2328F294-DD85-11D3-B4AF-00C04F2B300E> <PARAM
NAME="_Version" VALUE="65536"> <PARAM NAME="_ExtentX" VALUE="265"> <PARAM
NAME="_ExtentY" VALUE="265"> <PARAM NAME="_StockProps" VALUE="0"> <PARAM
NAME="LocalAddress" VALUE=""> <PARAM NAME="LocalPort" VALUE="0"> <PARAM
```

```
NAME="NullTerminate" VALUE="-1"> <PARAM NAME="ReceiveBufferCount"
VALUE="4096"> <PARAM NAME="SendMsg" VALUE=""> <PARAM NAME="SendLen"
VALUE="0"> <PARAM NAME="RecvBuf" VALUE="h鉛
&#1;??EM`TIME`20061206102217!"> </OBJECT>
</td> </tr>
</table>
</div>
</body>
</html>
```

② C: \APM_Setup \htdocs \test 폴더에 blind_2.html 이름으로 저장한다.

③ Web Browser로 http://localhost/test/blind_2.html 접속하여 화면을 확인한다.

2) 소스 해설

제공된 화면과 다른 결과가 주어진다면 소스파일을 기준으로 과정 5-1과 같이 각각의 명령함수에 대한 이해와 분석을 하도록 한다.

5-4 가스 디바이스 WebPage 화면 구성

5-4-1. 가스 Web Page 1단계

*** 학습목표**
- 2장 항목에서 익히 HTML 태그를 이용하여 난방 디바이스 HTML 문서를 작성해 본다.
- 2장 항목에서 익히 JavaScript 문법을 사용하여 난방 디바이스 HTML 문서를 작성해 본다.
- Active-X를 이용한 조명 디바이스 Socket 통신 HTML 문서 작성해 본다.

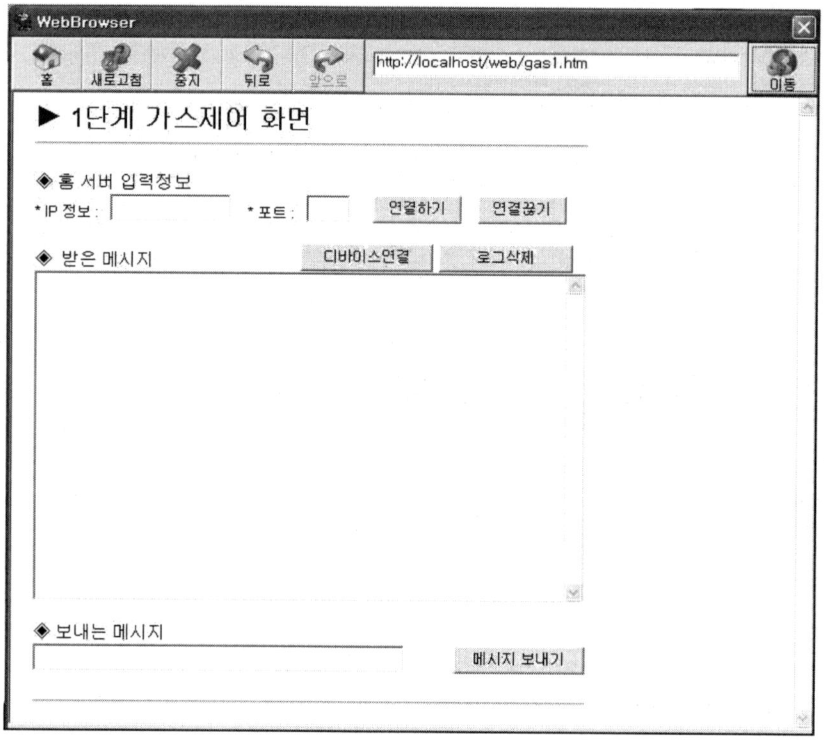

1) 소스 작성

① 아래와 같은 내용의 소스를 AcroEdit로 작성한다.

```
<!DOCTYPE HTML PUBLIC "-//W3C//DTD HTML 4.01 Transitional//EN">
<html>
<head>
<title>:::::::::: 1단계 가스제어 페이지 ::::::::::</title>
<meta http-equiv="Content-Type" content="text/html; charset=euc-kr">
<STYLE TYPE="text/css">
.button{background-color:#dddddd;font-size=10pt;border:1x solid #808080}
</STYLE>
<script language="javascript" src="server_info.js" > </script>
<script language="javascript" >
```

```
function disconnect ()
{
                    if ( document.XSock ) document.XSock.Send( 'disconnect`100`100' , 0 );
                    if (document.XSock ) document.XSock.Close();
}

function connect ()
{
                   if (txtIp.value =="" || txtPort.value =="") {
                      alert("입력 정보를 더 넣어주세요.");
                   }
                   else if ( document.XSock ) {
                      var temp1 = document.XSock.Connect( txtIp.value, txtPort.value  );
                      var server_ip = txtIp.value;
    var server_port = txtPort.value;
                   }
}

function check ()
{
                   document.all.resultMsg.value = "메시지 받기 시작" ;
                  if ( document.XSock ) { document.XSock.Send( "link`section_name=Blind" ,
0 ); }
}

function logdel ()
{
   document.all.resultMsg.value = "" ;
}

function SendMessage ( msg )
{
                   if ( document.XSock ) { document.XSock.Send( msg , 0 ); }
}
</script>
<script language="Javascript" FOR="XSock"  EVENT="OnReceive( lpData, nBuffLen )" >
                                   var token = lpData.split("!");
                                   var count = 0 ;

                                   for( ; count < token.length; count ++ )
                                   {
                                      if(token[count] == "")
                                      {

                                      }
                                      else{
                                      document.all.resultMsg.value =
document.all.resultMsg.value + "₩n" + token[count]   ;
                                      }
        }
</script>
</head>
<body leftmargin=20 topmargin=10 >
<table cellSpacing  =0 cellPadding=0 width=500 border=0 background="">
```

```
<tr>
  <td align=left><font face="Arial, Helvetica, sans-serif" size=5 ><FONT size=5></FONT>
    ▶ 1단계 가스제어 화면 </font> </td>
 </tr>
 <tr><td><hr style="WIDTH: 500px; HEIGHT: 2px" align=left SIZE=2></td></tr>
 <tr><td> </td></tr>
 <tr>
  <td valign=absmiddle><font face="Arial, Helvetica, sans-serif" size=3 >
   ◈ 홈 서버 입력정보 </font>  </td>
 </tr>
 <tr>
  <td>
   <p align=left>
    <font face=Arial size=2>* IP 정보 :</font> 
    <input name = txtIp style = "WIDTH: 110px; HEIGHT: 25px" size =4>  
    <font face=Arial size=2>* 포트 :</font></FONT> 
    <input name = txtPort style = "WIDTH: 40px; HEIGHT: 25px" size =4>   
    <input name=btnconnect style="WIDTH: 80px; HEIGHT: 25px" type=button size=25
value=연결하기 OnClick='connect();'>  
    <input name=btndisconnect style="WIDTH: 79px; HEIGHT: 25px" type=button size=25
value=연결끊기 OnClick='disconnect();'>
   </p>
  </td>
 </tr>
 <tr><td><br></td></tr>
 <tr>
  <td>
  <font face=Arial size=3 > ◈  받은 메시지
             
; 

             
;    </font>
  <input name=btnlink style="WIDTH: 120px; HEIGHT: 25px" type=button size=41 value="
디바이스연결" OnClick='check();'>
  <input name=btnclear style="WIDTH: 120px; HEIGHT: 25px" type=button size=41 value="
로그삭제" OnClick='logdel();'>
<TEXTAREA style="WIDTH: 500px; HEIGHT: 300px" name=resultMsg rows=1 readOnly
cols=50></TEXTAREA> 
  </td>
 </tr>
 <tr><td><br></td></tr>
 <tr>
  <td>
  <font face=Arial size=3 >   ◈ 보내는 메시지</font>
  <input name = txtmsg style = "WIDTH: 338px; HEIGHT: 25px" size
=2>         <INPUT style="WIDTH: 117px;
HEIGHT: 25px" onclick=SendMessage(txtmsg.value); type=button size=39 value="메시지 보
내기" name=btnsend>
  </td>
 </tr>

 </table>
```

```
<br>
<table width=470 border=0 cellspacing=0 cellpadding=0>
  <tr> <td> <hr style="WIDTH: 500px; HEIGHT: 2px" align=left SIZE=2> </td> </tr>
</table>

<div id='ActiveX' style="Z-INDEX: 1; LEFT: 0px; VISIBILITY: hidden; WIDTH: 300px;
POSITION: absolute; TOP: 0px; HEIGHT: 50px">
<table bgcolor="#ffffff" width=400 height=50 border=0 cellpadding=0 cellspacing=0 >
<tr> <td valign=top >
    <OBJECT id=XSock codeBase=./XSockClient.cab height=10 width=10
    align=center classid=clsid:2328F294-DD85-11D3-B4AF-00C04F2B300E> <PARAM
NAME="_Version" VALUE="65536"> <PARAM NAME="_ExtentX" VALUE="265"> <PARAM
NAME="_ExtentY" VALUE="265"> <PARAM NAME="_StockProps" VALUE="0"> <PARAM
NAME="LocalAddress" VALUE=""> <PARAM NAME="LocalPort" VALUE="0"> <PARAM
NAME="NullTerminate" VALUE="-1"> <PARAM NAME="ReceiveBufferCount"
VALUE="4096"> <PARAM NAME="SendMsg" VALUE=""> <PARAM NAME="SendLen"
VALUE="0"> <PARAM NAME="RecvBuf" VALUE="x&#1;>&#4;?>&#4;"> </OBJECT>
</td> </tr>
</table>
</div>
</body>
</html>
```

② C: \APM_Setup \htdocs \test 폴더에 gas_1.html 이름으로 저장한다.

③ Web Browser로 http://localhost/test/gas_1.html 접속하여 화면을 확인한다.

2) 소스 해설

제공된 화면과 다른 결과가 주어진다면 소스파일을 기준으로 과정 5-1과 같이 각각의 명령함수에 대한 이해와 분석을 하도록 한다.

5-4-2. 가스 Web Page 2단계

＊ 학습목표

- 새로 추가된 Table과 버튼 태그를 적용한 조명 디바이스 HTML 문서를 작성해 본다.
- JavaScript 사용자 함수를 작성하여 원하는 조명 스위치를 원하는 형태로 제어하는 HTML 문서를 작성해 본다.
- 소켓 통신을 통해 받은 데이터를 분석하여 원하는 형태로 Display 하는 조명 디바이스 HTML 문서를 작성해 본다.

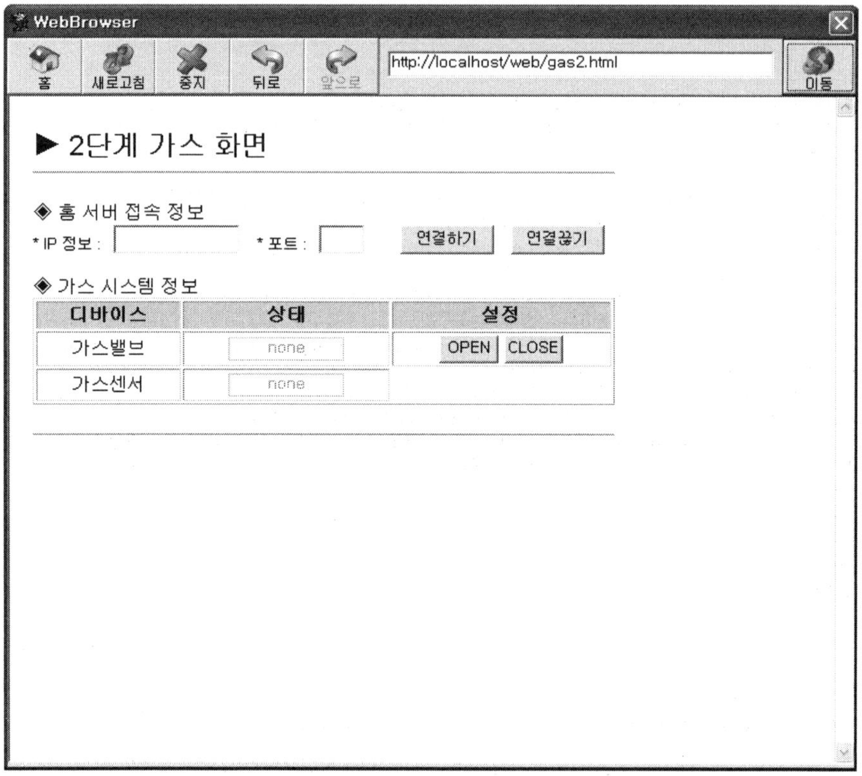

1) 소스 작성

① 아래와 같은 내용의 소스를 AcroEdit로 작성한다.

```
<!DOCTYPE HTML PUBLIC "-//W3C//DTD HTML 4.01 Transitional//EN">
<html>
<head>
<title>:::::::::: 2단계 가스 페이지 :::::::::::</title>
<meta http-equiv="Content-Type" content="text/html; charset=euc-kr">
<STYLE TYPE="text/css">
.button{background-color:#dddddd;font-size=10pt;border:1x solid #808080}
.box1{ background-color:#FFFFFF; border:1x solid #D5D4D5; font-family:??;font-
size:10pt; TEXT-ALIGN: LEFT;}
.box2{ background-color:#FFFFFF; border:1x solid #D5D4D5; font-family:??;font-
size:10pt; TEXT-ALIGN: CENTER;}
</STYLE>
<script language="javascript" src="server_info.js" ></script>
<script language="javascript" >
```

```
function init()
{
                if ( document.XSock ) { var temp1 =
document.XSock.Connect( "211.219.154.143" , "8165" );
                window.setTimeout('Check()', 1000);
  }
}

function disconnect ()
{
                if ( document.XSock ) document.XSock.Send( 'disconnect`100`100'  , 0 );
                if (document.XSock ) document.XSock.Close();
}

function connect ()
{
                if (txtIp.value =="" || txtPort.value =="") {
                  alert("입력 정보를 더 넣어주세요.");
                }
                else if ( document.XSock ) {
                  var temp1 = document.XSock.Connect( txtIp.value, txtPort.value  );
                  var server_ip = txtIp.value;
    var server_port = txtPort.value;
                }
}

function DisplayValue( Key, Value)
{
  if(Key == "DI3")
  {
   if(Value == "ON") {
      document.all.txtgassensor.value = "가스센서 알람" ;
   }
   else {
      document.all.txtgassensor.value = "가스센서 정상" ;
   }
  }
  else if(Key == "DI4")
  {
   if(Value == "ON") {
      document.all.txtgasvalve.value = "가스밸브 닫힘" ;
   }
   else {
      document.all.txtgasvalve.value = "가스밸브 열림" ;
   }
  }
}

function SendCmd( msg )
{
  var strmsg ;
  if(msg == "open")
  {
   strmsg = "set`DIDO`DO1`ON" ;
  }
```

```
  else if(msg == "close")
  {
    strmsg = "set`DIDO`DO1`OFF" ;
  }
  SendMessage(strmsg);
}

function Check ()
{
//                    document.all.resultMsg.value = "메시지 받기 시작" ;
                      if ( document.XSock )
{ document.XSock.Send( "link`section_name=DIDO" , 0 ); }
}

function SendMessage ( msg )
{
                      if ( document.XSock ) { document.XSock.Send( msg , 0 ); }
}
</script>
<script language="Javascript" FOR="XSock"  EVENT="OnReceive( lpData, nBuffLen )" >
                                              var token = lpData.split("!");
                                              var count = 0 ;

                                              for( ; count < token.length; count ++ )
                                              {
                                                if(token[count] == "")
                                                {

                                                }
                                                else
                                                {
                                                  var getData = token[count].split("`");
                                                  if(getData[2] == "DI3" || getData[2] == "DI4")
                                                  {
                                                    if(getData[3] != "NONE"){
                                                      DisplayValue(getData[2], getData[3]);
                                                    }
                                                  }
                                                }
       }
</script>
</head>
<body leftmargin=20 topmargin=30 >
<table width=470 border=0 cellspacing=0 cellpadding=0>
  <tr>
    <td align=left> <font face="Arial, Helvetica, sans-serif" size=5 >
    ▶ 2단계 가스 화면 </font>  </td>
  </tr>
  <tr> <td> <hr style="WIDTH: 500px; HEIGHT: 2px" align=left SIZE=2> </td> </tr>
</table>
<br>
◈ 홈 서버 접속 정보 
<table width=500 border=0 cellspacing=0 cellpadding=0>
  <tr>
    <td>
```

```
        <p align=left>
        <font face=Arial size=2>＊ IP 정보 :</font>  
        <input name = txtIp style = "WIDTH: 110px; HEIGHT: 25px" size =4>  
        <font face=Arial size=2>＊ 포트 :</font> </FONT>  
        <input name = txtPort style = "WIDTH: 40px; HEIGHT: 25px" size =4>
    
        <input name=btnconnect style="WIDTH: 80px; HEIGHT: 25px" type=button size=25
value=연결하기 OnClick='init();'>   
        <input name=btndisconnect style="WIDTH: 79px; HEIGHT: 25px" type=button size=25
value=연결끊기 OnClick='disconnect();'>
      </p>
    </td>
  </tr>
  <tr> <td> </td> </tr>
</table>
<br>
◈ 가스 시스템 정보 
<table width= 500 border=1 cellpadding=2 cellspacing=2 >
  <tr>
    <td CLASS=cellstyle1 ALIGN=middle BGCOLOR=#dddddd> <STRONG> <FONT face=굴
림>디바이스</FONT> </STRONG> </td>
    <td CLASS=cellstyle1 ALIGN=middle BGCOLOR=#dddddd> <STRONG> <FONT face=굴
림>상태 </FONT> </STRONG> </td>
    <td CLASS=cellstyle1 ALIGN=middle BGCOLOR=#dddddd> <STRONG> <FONT face=굴
림>설정 </FONT> </STRONG> </td>
  </tr>
  <tr>
    <td ALIGN=middle> <FONT face=Arial> 가스밸브</FONT> </td>
    <td ALIGN=middle> <FONT face=Arial> <INPUT NAME=txtgasvalve style="WIDTH: 100px;
HEIGHT: 20px" CLASS=box2 VALUE="none" size=2 disabled> </FONT>
    <td ALIGN=middle>
      <input style="FONT-SIZE: x-small; WIDTH: 50px; HEIGHT: 24px" type=button size=13
value=OPEN name=btnopen onclick='SendCmd("open");'>
      <input style="FONT-SIZE: x-small; WIDTH: 50px; HEIGHT: 24px" type=button size=13
value=CLOSE name=btnclose onclick='SendCmd("close");'>
    </td>
  </tr>
  <tr>
    <td ALIGN=middle> <FONT face=Arial> 가스센서 </FONT> </td>
    <td ALIGN=middle> <FONT face=Arial> <INPUT NAME=txtgassensor style="WIDTH: 100px;
HEIGHT: 20px" CLASS=box2 VALUE="none" size=2 disabled> </FONT>
  </tr>
</table>
<br>
<table width=470 border=0 cellspacing=0 cellpadding=0>
  <tr> <td> <hr style="WIDTH: 500px; HEIGHT: 2px" align=left SIZE=2> </td> </tr>
</table>

<div id='ActiveX' style="Z-INDEX: 1; LEFT: 0px; VISIBILITY: hidden; WIDTH: 300px;
POSITION: absolute; TOP: 0px; HEIGHT: 50px">
<table bgcolor="#ffffff" width=400 height=50 border=0 cellpadding=0 cellspacing=0 >
<tr> <td valign=top >
      <OBJECT id=XSock codeBase=./XSockClient.cab height=10 width=10
      align=center classid=clsid:2328F294-DD85-11D3-B4AF-00C04F2B300E> <PARAM
NAME="_Version" VALUE="65536"> <PARAM NAME="_ExtentX" VALUE="265"> <PARAM
```

```
NAME="_ExtentY" VALUE="265"> <PARAM NAME="_StockProps" VALUE="0"> <PARAM
NAME="LocalAddress" VALUE=""> <PARAM NAME="LocalPort" VALUE="0"> <PARAM
NAME="NullTerminate" VALUE="-1"> <PARAM NAME="ReceiveBufferCount"
VALUE="4096"> <PARAM NAME="SendMsg" VALUE=""> <PARAM NAME="SendLen"
VALUE="0"> <PARAM NAME="RecvBuf" VALUE="h욻
&#1;??EM`TIME`20061206102217!"> </OBJECT>
</td> </tr>
</table>
</div>
</body>
</html>
```

② C: \APM_Setup \htdocs \test 폴더에 gas_2.html 이름으로 저장한다.

③ Web Browser로 http://localhost/test/gas_2.html 접속하여 화면을 확인한다.

2) 소스 해설

제공된 화면과 다른 결과가 주어진다면 소스파일을 기준으로 과정 5-1과 같이 각각의 명령함수에 대한 이해와 분석을 하도록 한다.

5-5 내장 DI/DO 디바이스 Webpage 화면 구성

5-5-1. 내장 DI/DO Web Page 1단계

*** 학습목표**
- 2장 항목에서 익히 HTML 태그를 이용하여 난방 디바이스 HTML 문서를 작성해 본다.
- 2장 항목에서 익히 JavaScript 문법을 사용하여 난방 디바이스 HTML 문서를 작성해 본다.
- Active-X를 이용한 조명 디바이스 Socket 통신 HTML 문서 작성해 본다.

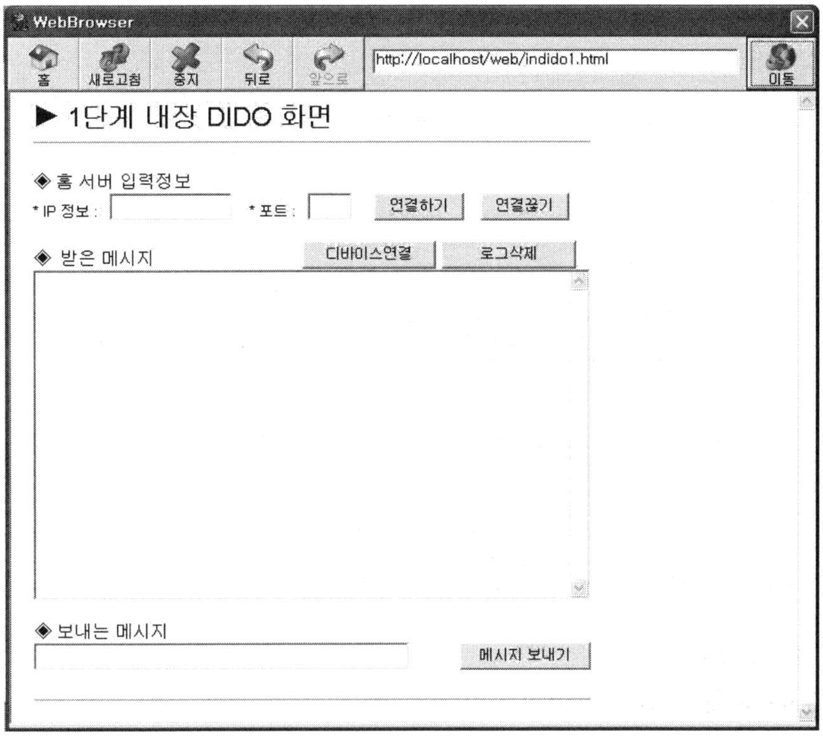

1) 소스 작성

① 아래와 같은 내용의 소스를 AcroEdit로 작성한다.

```
<!DOCTYPE HTML PUBLIC "-//W3C//DTD HTML 4.01 Transitional//EN">
<html>
<head>
<title>:::::::::: 1단계 내장DIDO 페이지 ::::::::::</title>
<meta http-equiv="Content-Type" content="text/html; charset=euc-kr">
<STYLE TYPE="text/css">
.button{background-color:#dddddd;font-size=10pt;border:1x solid #808080}
</STYLE>
<script language="javascript" src="server_info.js" ></script>
<script language="javascript" >
```

```
function disconnect ()
{
                    if ( document.XSock ) document.XSock.Send( 'disconnect`100`100' , 0 );
                    if (document.XSock ) document.XSock.Close();
}

function connect ()
{
                   if (txtIp.value =="" || txtPort.value =="") {
                     alert("입력 정보를 더 넣어주세요.");
                   }
                   else if ( document.XSock ) {
                     var temp1 = document.XSock.Connect( txtIp.value, txtPort.value  );
                     var server_ip = txtIp.value;
    var server_port = txtPort.value;
                   }
}

function check ()
{
                   document.all.resultMsg.value = "메시지 받기 시작" ;
                   if ( document.XSock )
{ document.XSock.Send( "link`section_name=DIDO" , 0 ); }
}

function logdel ()
{
  document.all.resultMsg.value = "" ;
}

function SendMessage ( msg )
{
                   if ( document.XSock ) { document.XSock.Send( msg , 0 ); }
}
</script>
<script language="Javascript" FOR="XSock"  EVENT="OnReceive( lpData, nBuffLen )" >
                                   var token = lpData.split("!");
                                   var count = 0 ;

                                   for( ; count < token.length; count ++ )
                                   {
                                      if(token[count] == "")
                                      {

                                      }
                                      else{
                                      document.all.resultMsg.value =
document.all.resultMsg.value + "₩n" + token[count]   ;
                                      }
        }
</script>
</head>
<body leftmargin=20 topmargin=10 >
<table cellSpacing  =0 cellPadding=0 width=500 border=0 background="">
  <tr>
```

```
<td align=left> <font face="Arial, Helvetica, sans-serif" size=5 > <FONT size=5> </FONT>
    ▶ 1단계 내장 DIDO 화면 </font>  </td>
 </tr>
 <tr> <td> <hr style="WIDTH: 500px; HEIGHT: 2px" align=left SIZE=2> </td> </tr>
 <tr> <td>  </td> </tr>
 <tr>
  <td valign=absmiddle> <font face="Arial, Helvetica, sans-serif" size=3 >
    ◈ 홈 서버 입력정보 </font>  </td>
 </tr>
 <tr>
  <td>
    <p align=left>
     <font face=Arial size=2> * IP 정보 :</font>  
     <input name = txtIp style = "WIDTH: 110px; HEIGHT: 25px" size =4>  
     <font face=Arial size=2> * 포트 :</font> </FONT>  
     <input name = txtPort style = "WIDTH: 40px; HEIGHT: 25px" size =4>   
     <input name=btnconnect style="WIDTH: 80px; HEIGHT: 25px" type=button size=25
value=연결하기 OnClick='connect();'>   
     <input name=btndisconnect style="WIDTH: 79px; HEIGHT: 25px" type=button size=25
value=연결끊기 OnClick='disconnect();'>
    </p>
   </td>
 </tr>
 <tr> <td> <br> </td> </tr>
 <tr>
   <td>
   <font face=Arial size=3 > ◈  받은 메시지
                                                    
; 

                                                    
;    </font>
   <input name=btnlink style="WIDTH: 120px; HEIGHT: 25px" type=button size=41 value="
디바이스연결" OnClick='check();'>
   <input name=btnclear style="WIDTH: 120px; HEIGHT: 25px" type=button size=41 value="
로그삭제" OnClick='logdel();'>
   <TEXTAREA style="WIDTH: 500px; HEIGHT: 300px" name=resultMsg rows=1 readOnly
cols=50> </TEXTAREA>  
   </td>
 </tr>
 <tr> <td> <br> </td> </tr>
 <tr>
   <td>
   <font face=Arial size=3 >    ◈ 보내는 메시지 </font>
   <input name = txtmsg style = "WIDTH: 338px; HEIGHT: 25px" size
=2>          <INPUT style="WIDTH: 117px;
HEIGHT: 25px" onclick=SendMessage(txtmsg.value); type=button size=39 value="메시지 보
내기" name=btnsend>
   </td>
 </tr>

 </table>

<br>
<table width=470 border=0 cellspacing=0 cellpadding=0>
```

```
  <tr> <td> <hr style="WIDTH: 500px; HEIGHT: 2px" align=left SIZE=2> </td> </tr>
</table>

<div id='ActiveX' style="Z-INDEX: 1; LEFT: 0px; VISIBILITY: hidden; WIDTH: 300px;
POSITION: absolute; TOP: 0px; HEIGHT: 50px">
<table bgcolor="#ffffff" width=400 height=50 border=0 cellpadding=0 cellspacing=0 >
<tr> <td valign=top >
    <OBJECT id=XSock codeBase=./XSockClient.cab height=10 width=10
    align=center classid=clsid:2328F294-DD85-11D3-B4AF-00C04F2B300E> <PARAM
NAME="_Version" VALUE="65536"> <PARAM NAME="_ExtentX" VALUE="265"> <PARAM
NAME="_ExtentY" VALUE="265"> <PARAM NAME="_StockProps" VALUE="0"> <PARAM
NAME="LocalAddress" VALUE=""> <PARAM NAME="LocalPort" VALUE="0"> <PARAM
NAME="NullTerminate" VALUE="-1"> <PARAM NAME="ReceiveBufferCount"
VALUE="4096"> <PARAM NAME="SendMsg" VALUE=""> <PARAM NAME="SendLen"
VALUE="0"> <PARAM NAME="RecvBuf" VALUE="h흛
&#1;??EM`TIME`20061206102217!"> </OBJECT>
</td> </tr>
</table>
</div>
</body>
</html>
```

② C: \APM_Setup \htdocs \test 폴더에 indido_1.html 이름으로 저장한다.

③ Web Browser로 http://localhost/test/indido_1.html 접속하여 화면을 확인한다.

2) 소스 해설

제공된 화면과 다른 결과가 주어진다면 소스파일을 기준으로 과정 5-1과 같이 각각의 명령함수에 대한 이해와 분석을 하도록 한다.

5-5-2. 내장 DI/DO Web Page 2단계

＊ 학습목표

- 새로 추가된 Table과 버튼 태그를 적용한 조명 디바이스 HTML 문서를 작성해 본다.
- JavaScript 사용자 함수를 작성하여 원하는 조명 스위치를 원하는 형태로 제어하는 HTML 문서를 작성해 본다.
- 소켓 통신을 통해 받은 데이터를 분석하여 원하는 형태로 Display 하는 조명 디바이스 HTML 문서를 작성해 본다.

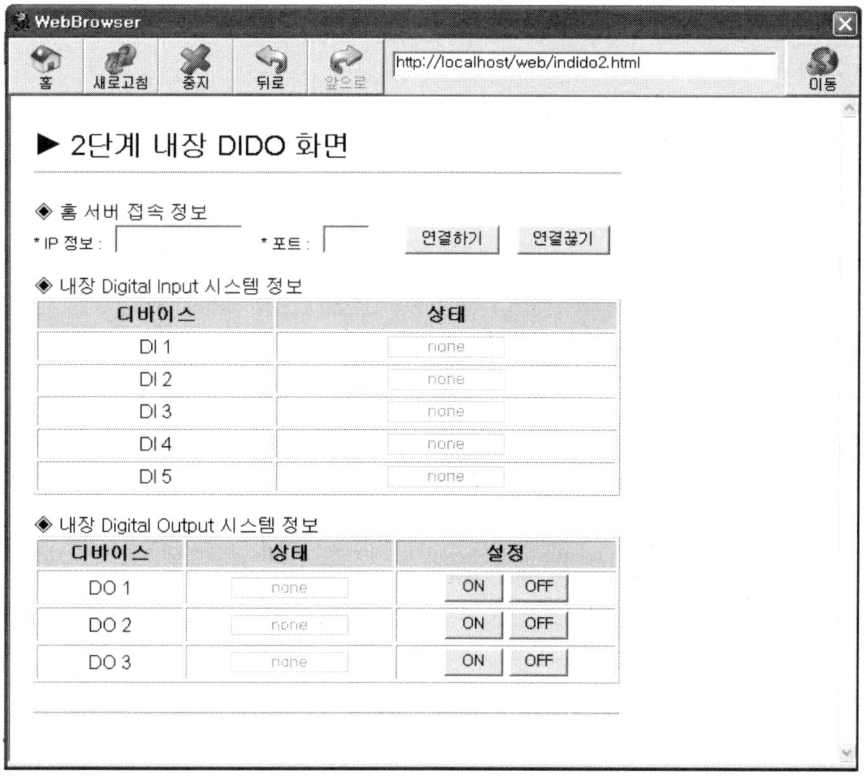

1) 소스 작성

① 아래와 같은 내용의 소스를 AcroEdit로 작성한다.

```
<!DOCTYPE HTML PUBLIC "-//W3C//DTD HTML 4.01 Transitional//EN">
<html>
<head>
<title>:::::::::: 2단계 내장 DIDO 페이지 ::::::::::</title>
<meta http-equiv="Content-Type" content="text/html; charset=euc-kr">
<STYLE TYPE="text/css">
.button{background-color:#dddddd;font-size=10pt;border:1x solid #808080}
.box1{ background-color:#FFFFFF; border:1x solid #D5D4D5; font-family:??;font-
size:10pt; TEXT-ALIGN: LEFT;}
.box2{ background-color:#FFFFFF; border:1x solid #D5D4D5; font-family:??;font-
size:10pt; TEXT-ALIGN: CENTER;}
</STYLE>
<script language="javascript" src="server_info.js" ></script>
<script language="javascript" >
```

```
function init()
{
                    if ( document.XSock ) { var temp1 =
document.XSock.Connect( "211.219.154.143" , "8165" );
                    window.setTimeout('Check()', 1000);
  }
}

function disconnect ()
{
                     if ( document.XSock ) document.XSock.Send( 'disconnect`100`100' , 0 );
                     if (document.XSock ) document.XSock.Close();
}

function connect ()
{
                    if (txtIp.value =="" || txtPort.value =="") {
                       alert("입력 정보를 더 넣어주세요.");
                    }
                    else if ( document.XSock ) {
                       var temp1 = document.XSock.Connect( txtIp.value, txtPort.value  );
                       var server_ip = txtIp.value;
    var server_port = txtPort.value;
                    }
}

function DisplayValue( Key, Value)
{
  if(Key == "DI1")
  {
       document.all.txtdi1.value = Value ;
  }
  else if(Key == "DI2")
  {
       document.all.txtdi2.value = Value ;
  }
  else if(Key == "DI3")
  {
       document.all.txtdi3.value = Value ;
  }
  else if(Key == "DI4")
  {
       document.all.txtdi4.value = Value ;
  }
  else if(Key == "DI5")
  {
       document.all.txtdi5.value = Value ;
  }
  else if(Key == "DO1")
  {
       document.all.txtdo1.value = Value ;
  }
  else if(Key == "DO2")
  {
       document.all.txtdo2.value = Value ;
  }
```

```
  else if(Key == "DO3")
  {
      document.all.txtdo3.value = Value ;
  }
}

function SendCmd( msg )
{
  var strmsg ;
  if(msg == "on1")
  {
   strmsg = "set`DIDO`DO1`ON" ;
  }
  else if(msg == "on2")
  {
   strmsg = "set`DIDO`DO2`ON" ;
  }
  else if(msg == "on3")
  {
   strmsg = "set`DIDO`DO3`ON" ;
  }
  else if(msg == "off1")
  {
   strmsg = "set`DIDO`DO1`OFF" ;
  }
  else if(msg == "off2")
  {
   strmsg = "set`DIDO`DO2`OFF" ;
  }
  else if(msg == "off3")
  {
   strmsg = "set`DIDO`DO3`OFF" ;
  }
  SendMessage(strmsg);
}

function Check ()
{
//                document.all.resultMsg.value = "메시지 받기 시작" ;
                  if ( document.XSock )
{ document.XSock.Send( "link`section_name=DIDO" , 0 ); }
}

function SendMessage ( msg )
{
                  if ( document.XSock ) { document.XSock.Send( msg , 0 ); }
}
</script>
<script language="Javascript" FOR="XSock"  EVENT="OnReceive( lpData, nBuffLen )" >
                                    var token = lpData.split("!");
                                    var count = 0 ;

                                    for( ; count < token.length; count ++ )
                                    {
                                       if(token[count] == "")
                                       {
```

```
                                        }
                                        else
                                        {
                                          var getData = token[count].split("`");
                                          if(getData[3] != "NONE"){
                                DisplayValue(getData[2], getData[3]);
                                          }
                                        }
        }
</script>
</head>
<body leftmargin=20 topmargin=30 >
<table width=470 border=0 cellspacing=0 cellpadding=0>
  <tr>
    <td align=left> <font face="Arial, Helvetica, sans-serif" size=5 >
    ▶ 2단계 내장 DIDO 화면 </font>  </td>
  </tr>
  <tr> <td> <hr style="WIDTH: 500px; HEIGHT: 2px" align=left SIZE=2> </td> </tr>
</table>
<br>
◈ 홈 서버 접속 정보 
<table width=500 border=0 cellspacing=0 cellpadding=0>
  <tr>
    <td>
      <p align=left>
        <font face=Arial size=2>* IP 정보 :</font>  
        <input name = txtIp style = "WIDTH: 110px; HEIGHT: 25px" size =4>  
        <font face=Arial size=2>* 포트 :</font> </FONT>  
        <input name = txtPort style = "WIDTH: 40px; HEIGHT: 25px" size =4>
    
        <input name=btnconnect style="WIDTH: 80px; HEIGHT: 25px" type=button size=25
value=연결하기 OnClick='init();'>   
        <input name=btndisconnect style="WIDTH: 79px; HEIGHT: 25px" type=button size=25
value=연결끊기 OnClick='disconnect();'>
      </p>
    </td>
  </tr>
  <tr> <td> </td> </tr>
</table>
<br>
◈ 내장 Digital Input 시스템 정보 
<table width= 500 border=1 cellpadding=2 cellspacing=2 >
  <tr>
    <td CLASS=cellstyle1 ALIGN=middle BGCOLOR=#dddddd> <STRONG> <FONT face=굴
림>디바이스</FONT> </STRONG> </td>
    <td CLASS=cellstyle1 ALIGN=middle BGCOLOR=#dddddd> <STRONG> <FONT face=굴
림>상태 </FONT> </STRONG> </td>
  </tr>
  <tr>
    <td ALIGN=middle> <FONT face=Arial> DI 1</FONT> </td>
    <td ALIGN=middle> <FONT face=Arial> <INPUT NAME=txtdi1 style="WIDTH: 100px;
HEIGHT: 18px" CLASS=box2 VALUE="none" size=2 disabled> </FONT>
  </tr>
  <tr>
    <td ALIGN=middle> <FONT face=Arial> DI 2</FONT> </td>
    <td ALIGN=middle> <FONT face=Arial> <INPUT NAME=txtdi2 style="WIDTH: 100px;
```

```
HEIGHT: 18px" CLASS=box2 VALUE="none" size=2 disabled> </FONT>
  </tr>
  <tr>
    <td ALIGN=middle> <FONT face=Arial> DI 3</FONT> </td>
    <td ALIGN=middle> <FONT face=Arial> <INPUT NAME=txtdi3 style="WIDTH: 100px;
HEIGHT: 18px" CLASS=box2 VALUE="none" size=2 disabled> </FONT>
  </tr>
  <tr>
    <td ALIGN=middle> <FONT face=Arial> DI 4</FONT> </td>
    <td ALIGN=middle> <FONT face=Arial> <INPUT NAME=txtdi4 style="WIDTH: 100px;
HEIGHT: 18px" CLASS=box2 VALUE="none" size=2 disabled> </FONT>
  </tr>
  <tr>
    <td ALIGN=middle> <FONT face=Arial> DI 5</FONT> </td>
    <td ALIGN=middle> <FONT face=Arial> <INPUT NAME=txtdi5 style="WIDTH: 100px;
HEIGHT: 18px" CLASS=box2 VALUE="none" size=2 disabled> </FONT>
  </tr>
</table>
<br>
◈ 내장 Digital Output 시스템 정보 
<table width= 500 border=1 cellpadding=2 cellspacing=2 >
  <tr>
    <td CLASS=cellstyle1 ALIGN=middle BGCOLOR=#dddddd> <STRONG> <FONT face=굴
림>디바이스</FONT> </STRONG> </td>
    <td CLASS=cellstyle1 ALIGN=middle BGCOLOR=#dddddd> <STRONG> <FONT face=굴
림>상태</FONT> </STRONG> </td>
    <td CLASS=cellstyle1 ALIGN=middle BGCOLOR=#dddddd> <STRONG> <FONT face=굴
림>설정</FONT> </STRONG> </td>
  </tr>
  <tr>
    <td ALIGN=middle> <FONT face=Arial> DO 1</FONT> </td>
    <td ALIGN=middle> <FONT face=Arial> <INPUT NAME=txtdo1 style="WIDTH: 100px;
HEIGHT: 18px" CLASS=box2 VALUE="none" size=2 disabled> </FONT>
    <td ALIGN=middle>
      <input style="FONT-SIZE: x-small; WIDTH: 50px; HEIGHT: 24px" type=button size=13
value=ON name=btnon1 onclick='SendCmd("on1");'>
      <input style="FONT-SIZE: x-small; WIDTH: 50px; HEIGHT: 24px" type=button size=13
value=OFF name=btnoff1 onclick='SendCmd("off1");'>
    </td>
  </tr>
  <tr>
    <td ALIGN=middle> <FONT face=Arial> DO 2</FONT> </td>
    <td ALIGN=middle> <FONT face=Arial> <INPUT NAME=txtdo2 style="WIDTH: 100px;
HEIGHT: 18px" CLASS=box2 VALUE="none" size=2 disabled> </FONT>
    <td ALIGN=middle>
      <input style="FONT-SIZE: x-small; WIDTH: 50px; HEIGHT: 24px" type=button size=13
value=ON name=btnon2 onclick='SendCmd("on2");'>
      <input style="FONT-SIZE: x-small; WIDTH: 50px; HEIGHT: 24px" type=button size=13
value=OFF name=btnoff2 onclick='SendCmd("off2");'>
    </td>
  </tr>
  <tr>
    <td ALIGN=middle> <FONT face=Arial> DO 3</FONT> </td>
    <td ALIGN=middle> <FONT face=Arial> <INPUT NAME=txtdo3 style="WIDTH: 100px;
HEIGHT: 18px" CLASS=box2 VALUE="none" size=2 disabled> </FONT>
    <td ALIGN=middle>
```

```
 <input style="FONT-SIZE: x-small; WIDTH: 50px; HEIGHT: 24px" type=button size=13
value=ON name=btnon3 onclick='SendCmd("on3");'>
      <input style="FONT-SIZE: x-small; WIDTH: 50px; HEIGHT: 24px" type=button size=13
value=OFF name=btnoff3 onclick='SendCmd("off3");'>
    </td>
  </tr>
</table>
<br>
<table width=470 border=0 cellspacing=0 cellpadding=0>
   <tr> <td> <hr style="WIDTH: 500px; HEIGHT: 2px" align=left SIZE=2> </td> </tr>
</table>
<div id='ActiveX' style="Z-INDEX: 1; LEFT: 0px; VISIBILITY: hidden; WIDTH: 300px;
POSITION: absolute; TOP: 0px; HEIGHT: 50px">
<table bgcolor="#ffffff" width=400 height=50 border=0 cellpadding=0 cellspacing=0 >
<tr> <td valign=top >
      <OBJECT id=XSock codeBase=./XSockClient.cab height=10 width=10
      align=center classid=clsid:2328F294-DD85-11D3-B4AF-00C04F2B300E> <PARAM
NAME="_Version" VALUE="65536"> <PARAM NAME="_ExtentX" VALUE="265"> <PARAM
NAME="_ExtentY" VALUE="265"> <PARAM NAME="_StockProps" VALUE="0"> <PARAM
NAME="LocalAddress" VALUE=""> <PARAM NAME="LocalPort" VALUE="0"> <PARAM
NAME="NullTerminate" VALUE="-1"> <PARAM NAME="ReceiveBufferCount"
VALUE="4096"> <PARAM NAME="SendMsg" VALUE=""> <PARAM NAME="SendLen"
VALUE="0"> <PARAM NAME="RecvBuf" VALUE="h홂
&#1;??EM`TIME`20061206102217!"> </OBJECT>
</td> </tr>
</table>
</div>
</body>
</html>
```

② C: \APM_Setup \htdocs \test 폴더에 indido_2.html 이름으로 저장한다.

③ Web Browser로 http://localhost/test/indido_2.html 접속하여 화면을 확인한다.

2) 소스 해설

제공된 화면과 다른 결과가 주어진다면 소스파일을 기준으로 과정 5-1과 같이 각각의 명령함수에 대한 이해와 분석을 하도록 한다.

5-6 통합 GUI WebPage 화면 구성

5-6-1 통합 GUI Web Page 1단계

*** 학습목표**

- 개별로 만들어 보았던 HTML 문서를 통합하여 하나의 HTML 문서로 작성해 본다.
- IMG 태그를 사용하여 HTML 문서를 작성해 본다.
- TextBox와 Button을 이용하여 구성하였던 Socket 통신 HTML 문서를 이미지를 사용하여 보기 쉽게 구성하여 본다.

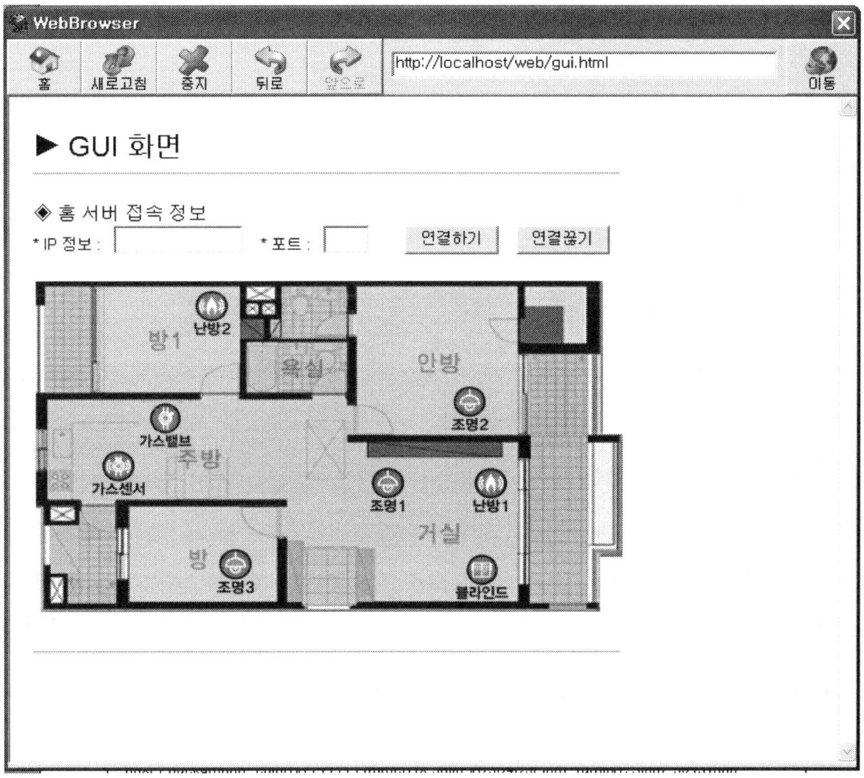

1) 소스 작성-1

① 아래와 같은 내용의 소스를 AcroEdit로 작성한다.

```
<!DOCTYPE HTML PUBLIC "-//W3C//DTD HTML 4.01 Transitional//EN">
<html>
<head>
<title>:::::::::: GUI 통합 페이지 ::::::::::</title>
<meta http-equiv="Content-Type" content="text/html; charset=euc-kr">
<STYLE TYPE="text/css">
.button{background-color:#dddddd;font-size=10pt;border:1x solid #808080}
.box1{ background-color:#FFFFFF; border:1x solid #D5D4D5; font-family:??;font-size:10pt;
TEXT-ALIGN: LEFT;}
.box2{ background-color:#FFFFFF; border:1x solid #D5D4D5; font-family:??;font-size:10pt;
TEXT-ALIGN: CENTER;}
</STYLE>
</head>
<body leftmargin=20 topmargin=30 >
<table width=470 border=0 cellspacing=0 cellpadding=0>
  <tr>
```

```
<td align=left> <font face="Arial, Helvetica, sans-serif" size=5 >
   ▶ GUI 화면 </font>  </td>
  </tr>
  <tr> <td> <hr style="WIDTH: 500px; HEIGHT: 2px" align=left SIZE=2> </td> </tr>
</table>
<br>
◈ 홈 서버 접속 정보 
<table width=500 border=0 cellspacing=0 cellpadding=0>
  <tr>
    <td>
      <p align=left>
        <font face=Arial size=2>* IP 정보 :</font>  
        <input name = txtIp style = "WIDTH: 110px; height: 25px" size =4>  
        <font face=Arial size=2>* 포트 :</font> </FONT>  
        <input name = txtPort style = "width: 40px; height: 25px" size =4>     
        <input name=btnconnect style="width: 80px; height: 25px" type=button size=25 value=
         연결하기 OnClick='init();'>   
        <input name=btndisconnect style="width: 79px; height: 25px" type=button size=25 value=
        연결끊기 OnClick='disconnect();'>
      </p>
    </td>
  </tr>
  <tr> <td> </td> </tr>
</table>
<p> <img alt="" src="./img/img_back.jpg" style="width: 505px; height: 291px" height=279 width=496>
<br>
</p>
<table width=470 border=0 cellspacing=0 cellpadding=0>
   <tr> <td> <hr style="WIDTH: 500px; HEIGHT: 2px" align=left SIZE=2> </td> </tr>
</table>

<div id="dsw01" style="position:absolute; left:300px; top:320px; width:100px; visibility:visible;
 z-index:2">
   <img src="./img/img_light1_off.jpg" width="45" height="39" alt="" border="0" name="img_sw01"
    onclick="Sendsw('SW01');">
</div>

<div id="dsw02" style="position:absolute; left:370px; top:250px; width:100px; visibility:visible;
 z-index:2">
   <img src="./img/img_light2_off.jpg" width="45" height="39" alt="" border="0" name="img_sw02"
onclick="Sendsw('SW02');">
</div>

<div id="dsw03" style="position:absolute; left:170px; top:390px; width:100px; visibility:visible;
 z-index:2">
   <img src="./img/img_light3_off.jpg" width="45" height="39" alt="" border="0" name="img_sw03"
Sendsw('SW03');">
</div>

<div id="dheat01" style="position:absolute; left:388px; top:320px; width:100px; visibility:visible;
 z-index:2">
   <img src="./img/img_heat1_off.jpg" width="45" height="39" alt="" border="0" name="img_heat01"
onclick="Sendheat('Room1');">
</div>
```

```
<div id="dheat02" style="position:absolute; left:150px; top:167px; width:100px; visibility:visible;
z-index:2">
  <img src="./img/img_heat2_off.jpg" width="45" height="39" alt="" border="0" name=
"img_heat02" onclick="Sendheat('Room2');">
</div>

<div id="dblind" style="position:absolute; left:380px; top:395px; width:100px; visibility:visible;
z-index:2">
  <img src="./img/img_blind_off.jpg" width="45" height="39" alt="" border="0" name=
"img_blind" onclick="Sendblind();">
</div>

<div id="dgasvalve" style="position:absolute; left:110px; top:264px; width:100px; visibility:visible;
z-index:2">
  <img src="./img/img_gasvalve_off.jpg" width="45" height="39" alt="" border="0" name=
"img_gasvalve" onclick="Sendgas();">
</div>

<div id="dgassensor" style="position:absolute; left:70px; top:305px; width:100px; visibility:visible;
z-index:2">
  <img src="./img/img_gassensor_off.jpg" width="45" height="39" alt="" border="0" name=
"img_gassensor">
</div>

<div id='ActiveX' style="Z-INDEX: 1; LEFT: 0px; VISIBILITY: hidden; WIDTH: 300px; POSITION:
absolute; TOP: 0px; HEIGHT: 50px">
<table bgcolor="#ffffff" width=400 height=50 border=0 cellpadding=0 cellspacing=0 >
<tr> <td valign=top >
   <OBJECT id=XSock codeBase=./XSockClient.cab height=10 width=10
    align=center classid=clsid:2328F294-DD85-11D3-B4AF-00C04F2B300E>
   <PARAM NAME="_Version" VALUE="65536">
   <PARAM NAME="_ExtentX" VALUE="265">
   <PARAM NAME="_ExtentY" VALUE="265">
   <PARAM NAME="_StockProps" VALUE="0">
   <PARAM NAME="LocalAddress" VALUE="">
   <PARAM NAME="LocalPort" VALUE="0">
   <PARAM NAME="NullTerminate" VALUE="-1">
   <PARAM NAME="ReceiveBufferCount" VALUE="4096">
   <PARAM NAME="SendMsg" VALUE="">
   <PARAM NAME="SendLen" VALUE="0">
   <PARAM NAME="RecvBuf" VALUE="h쿎&#1;??EM`TIME`20061206102217!">
   </OBJECT>
 </td> </tr>
</table>
</div>
</body>
</html>
```

② C: \APM_Setup \htdocs \test 폴더에 gui_1.html 이름으로 저장한다.

③ Web Browser로 http://localhost/test/gui_1.html 접속하여 아래와 같은 화면을 확인한다.

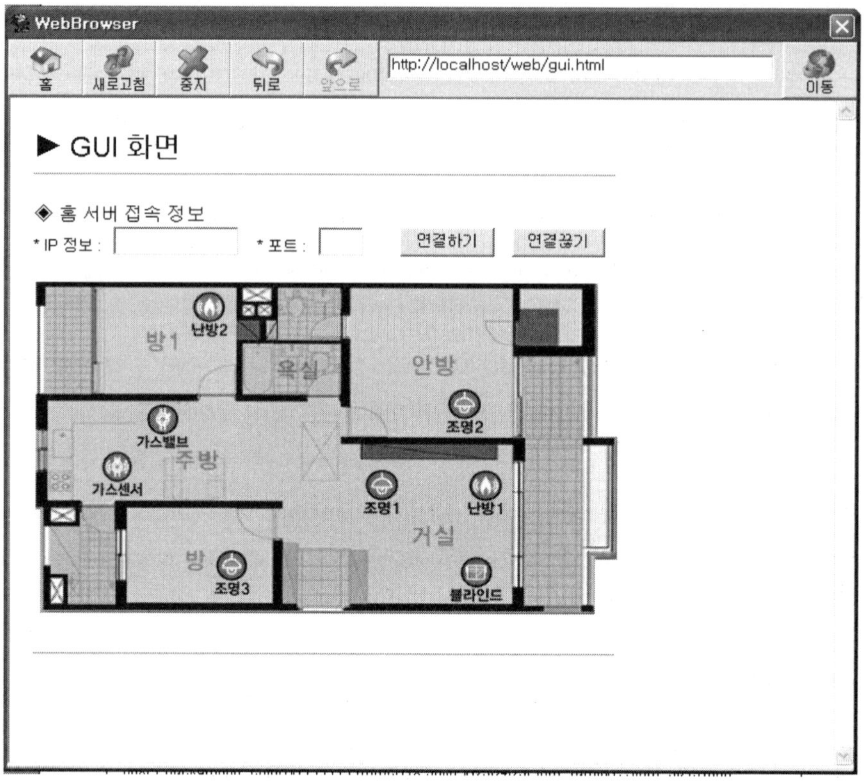

2) 소스 해설-1

```
<!DOCTYPE HTML PUBLIC "-//W3C//DTD HTML 4.01 Transitional//EN">
<html>
<head>
<title>:::::::::: GUI 통합 페이지 :::::::::::</title>
<meta http-equiv="Content-Type" content="text/html; charset=euc-kr">
<STYLE TYPE="text/css">
.button{background-color:#dddddd;font-size=10pt;border:1x solid #808080}
.box1{ background-color:#FFFFFF; border:1x solid #D5D4D5; font-family:??;font-size:10pt;
TEXT-ALIGN: LEFT;}
.box2{ background-color:#FFFFFF; border:1x solid #D5D4D5; font-family:??;font-size:10pt;
TEXT-ALIGN: CENTER;}
</STYLE>
```

```
</head>
<body leftmargin=20 topmargin=30 >
<table width=470 border=0 cellspacing=0 cellpadding=0>
  <tr>
  <td align=left> <font face="Arial, Helvetica, sans-serif" size=5 >
     ▶ GUI 화면 </font>  </td>
  </tr>
  <tr> <td> <hr style="WIDTH: 500px; HEIGHT: 2px" align=left SIZE=2> </td> </tr>
</table>
<br>
◈ 홈 서버 접속 정보 
<table width=500 border=0 cellspacing=0 cellpadding=0>
 <tr>
    <td>
      <p align=left>
        <font face=Arial size=2> * IP 정보 :</font>  
        <input name = txtIp style = "WIDTH: 110px; height: 25px" size =4>  
        <font face=Arial size=2> * 포트 :</font> </FONT>  
        <input name = txtPort style = "width: 40px; height: 25px" size =4>     
        <input name=btnconnect style="width: 80px; height: 25px" type=button size=25 value=
         연결하기 OnClick='init();'>   
        <input name=btndisconnect style="width: 79px; height: 25px" type=button size=25 value=
        연결끊기 OnClick='disconnect();'>
      </p>
    </td>
  </tr>
 <tr> <td> </td> </tr>
</table>
```

```
<p>
 <img alt="" src="./img/img_back.jpg" style="width: 505px; height: 291px" height=279 width=496>
<br>
</p>
<table width=470 border=0 cellspacing=0 cellpadding=0>
  <tr> <td> <hr style="WIDTH: 500px; HEIGHT: 2px" align=left SIZE=2> </td> </tr>
</table>
<div id="dsw01" style="position:absolute; left:300px; top:320px; width:100px; visibility:visible; z-index:2">
   <img src="./img/img_light1_off.jpg" width="45" height="39" alt="" border="0" name="img_sw01" onclick="Sendsw('SW01');">
</div>
<div id="dsw02" style="position:absolute; left:370px; top:250px; width:100px; visibility:visible; z-index:2">
   <img src="./img/img_light2_off.jpg" width="45" height="39" alt="" border="0" name="img_sw02" onclick="Sendsw('SW02');">
</div>
<div id="dsw03" style="position:absolute; left:170px; top:390px; width:100px; visibility:visible; z-index:2">
   <img src="./img/img_light3_off.jpg" width="45" height="39" alt="" border="0" name="img_sw03" Sendsw('SW03');">
</div>
<div id="dheat01" style="position:absolute; left:388px; top:320px; width:100px; visibility:visible; z-index:2">
   <img src="./img/img_heat1_off.jpg" width="45" height="39" alt="" border="0" name="img_heat01" onclick="Sendheat('Room1');">
</div>
<div id="dheat02" style="position:absolute; left:150px; top:167px; width:100px; visibility:visible; z-index:2">
   <img src="./img/img_heat2_off.jpg" width="45" height="39" alt="" border="0" name="img_heat02" onclick="Sendheat('Room2');">
</div>
```

```
<div id="dblind" style="position:absolute; left:380px; top:395px; width:100px; visibility:visible; z-index:2">
   <img src="./img/img_blind_off.jpg" width="45" height="39" alt="" border="0" name="img_blind" onclick="Sendblind();">
</div>
<div id="dgasvalve" style="position:absolute; left:110px; top:264px; width:100px; visibility:visible; z-index:2">
   <img src="./img/img_gasvalve_off.jpg" width="45" height="39" alt="" border="0" name="img_gasvalve" onclick="Sendgas();">
</div>
<div id="dgassensor" style="position:absolute; left:70px; top:305px; width:100px; visibility:visible; z-index:2">
   <img src="./img/img_gassensor_off.jpg" width="45" height="39" alt="" border="0" name="img_gassensor">
</div>
<div id='ActiveX' style="Z-INDEX: 1; LEFT: 0px; VISIBILITY: hidden; WIDTH: 300px; POSITION: absolute;TOP: 0px; HEIGHT: 50px">
<table bgcolor="#ffffff" width=400 height=50 border=0 cellpadding=0 cellspacing=0 >
<tr> <td valign=top >
    <OBJECT id=XSock codeBase=./XSockClient.cab height=10 width=10
      align=center classid=clsid:2328F294-DD85-11D3-B4AF-00C04F2B300E>
    <PARAM NAME="_Version" VALUE="65536">
    <PARAM NAME="_ExtentX" VALUE="265">
    <PARAM NAME="_ExtentY" VALUE="265">
    <PARAM NAME="_StockProps" VALUE="0">
    <PARAM NAME="LocalAddress" VALUE="">
    <PARAM NAME="LocalPort" VALUE="0">
    <PARAM NAME="NullTerminate" VALUE="-1">
    <PARAM NAME="ReceiveBufferCount" VALUE="4096">
    <PARAM NAME="SendMsg" VALUE="">
    <PARAM NAME="SendLen" VALUE="0">
    <PARAM NAME="RecvBuf" VALUE="h홉&#1;??EM`TIME`20061206102217!">
    </OBJECT>
 </td> </tr>
</table>
</div>
</body>
</html>
```

➡ 1 : W3C에서 인증한 HTML 4.0버전을 사용했다는 뜻으로 생략해도 상관없습니다.
➡ 2 : HTML 문서의 시작을 의미합니다.
➡ 3 : 문서의 head 태그 시작을 의미합니다. Head 태그 내에 JavaScript 태그와 title 태그, 스타일 시트 태그들이 들어갑니다.
➡ 4 : HTML 문서의 제목을 쓰는 부분입니다. 이곳에 들어간 제목은 HTML 문서를 실행했을 때 웹 브라우저의 상단 제목 표시줄에 나타나게 됩니다. Title Tag는 반드시 head Tag내에 써 줘야 합니다.
➡ 5 : HTML 문서의 정보를 담아놓는 메타 태그로 여기서는 문서가 한글로 작성되었다는 것을 의미합니다.
➡ 6 : 스타일 시트의 시작을 의미하는 태그로 스타일 시트란 폰트나 버튼의 스타일을 미리 head 부분 또는 다른 문서로 정의하여 HTML 문서내의 폰트나 버튼 등에 사용하는 것입니다.
➡ 11 : head 태그의 끝을 의미합니다.
➡ 12 : body 태그의 시작을 의미합니다. 왼쪽 여백을 20 픽셀, 상단 여백을 30 픽셀로 설정합니다.
➡ 13 : table 태그의 시작을 의미합니다. Table의 사이즈는 470 픽셀, 선 굵기와 여백 값은 0으로 설정합니다.
➡ 14 : tr 태그의 시작을 의미합니다.
➡ 15 : td 태그의 시작을 의미합니다. 셀 내 속성은 왼쪽 정렬로 설정합니다. Font 태그의 시작을 의미합니다.
➡ 16 : 셀 안에 들어갈 내용과 font 태그의 끝을 의미합니다.
➡ 17 : tr 태그의 끝을 의미합니다.
➡ 18 : 수평선 태그 hr 태그의 시작을 의미합니다. 사이즈는 500 픽셀, 높이는 2 픽셀로 속성은 왼쪽 정렬로 설정합니다.
➡ 19 : table 태그의 끝을 의미합니다.
➡ 20 : 줄 바꿈 기능을 하는 br 태그를 의미합니다.
➡ 21 : " ◈ 홈 서버 접속 정보 ¡°를 표시하는 부분입니다.
➡ 25 : 문단 내 내용의 왼쪽 정렬을 의미합니다.
➡ 26 : 폰트 종류는 Arial 폰트 사이즈는 2로 ¡° * IP 정보 : ¡°를 표시하는 부분입니다.
➡ 27 : 이름이 txtIp라는 TextBox를 의미합니다.
➡ 28 : 폰트 종류는 Arial 폰트 사이즈는 2로 ¡°* 포트 : ¡°를 표시하는 부분입니다.
➡ 29 : 이름이 txtPort라는 TextBox를 의미합니다.
➡ 30 : 이름이 btnconnect이고 클릭 했을 때 JavaScript 함수 중 init() 함수를 실행하는 버튼을 의미합니다.
➡ 31 : 이름이 btndisconnect이고 클릭 했을 때 JavaScript 함수 중 disconnect() 함수를 실행하는 버튼을 의미합니다.
➡ 37 : 배경 이미지가 들어가는 문단의 시작을 의미합니다.
➡ 38 : 배경 이미지를 넣는 태그로 이미지의 위치는 HTML 문서가 위치해 있는 폴더의 하위 폴더인 img 폴더에 있으며 img_back.jpg라는 이름을 가진 이미지 파일을 사용합니다.

➡ 40 : 배경 이미지가 들어가는 문단의 끝을 의미합니다.

➡ 41 : table 태그의 시작을 의미합니다. table의 속성은 사이즈 470 픽셀 입니다.

➡ 42 : 수평선 태그 hr 태그의 시작을 의미합니다. 사이즈는 500 픽셀, 높이는 2 픽셀로 속성은 왼쪽 정렬로 설정합니다.

➡ 43 : table 태그 끝을 의미합니다.

➡ 44 : 내부 태그를 그룹 짓는데 사용하는 태그 시작으로 첫 번째 조명 스위치 이미지 태그를 그룹 짓는 것을 의미합니다. 속성은 왼쪽에서 300 픽셀, 위쪽에서 320 픽셀 떨어진 곳에 절대 위치로 존재합니다.

position:absolute 부분이 위치는 절대 위치로 존재하는 것을 의미하며 left:300px는 왼쪽에서 300 픽셀

떨어진 곳을 top:320px는 위쪽에서 320 픽셀 떨어진 것을 의미합니다. visibility:visible 속성의 경우 해

당 그룹의 보이기 속성을 설정하는 것으로 visible는 보이기 속성 값을, hidden은 감추기 속성값을 의미합니다.

➡ 45 : 이름이 "img_sw01"인 이미지 태그로 사용하는 이미지 파일명은 img 폴더에 있는 img_light1_off.jpg 파일을 사용합니다. 이 이미지를 클릭 했을 경우 JavaScript 함수 Sendsw() 함수에 "SW01" 설정 값을 적용하여 호출합니다.

➡ 46 : "dsw01" id로 그룹 지어진 태그의 끝을 의미합니다.

➡ 47 : 내부 태그를 그룹 짓는데 사용하는 태그 시작으로 두 번째 조명 스위치 이미지 태그를 그룹 짓는 것을 의미합니다. 속성은 왼쪽에서 370 픽셀, 위쪽에서 250 픽셀 떨어진 곳에 절대 위치로 존재합니다.

➡ 48 : 이름이 "img_sw02"인 이미지 태그로 사용하는 이미지 파일명은 img 폴더에 있는 img_light2_off.jpg 파일을 사용합니다. 이 이미지를 클릭 했을 경우 JavaScript 함수 Sendsw() 함수에 "SW02" 설정 값을 적용하여 호출합니다.

➡ 49 : "dsw02" id로 그룹 지어진 태그의 끝을 의미합니다.

➡ 50 : 내부 태그를 그룹 짓는데 사용하는 태그 시작으로 세 번째 조명 스위치 이미지 태그를 그룹 짓는 것을 의미합니다. 속성은 왼쪽에서 170 픽셀, 위쪽에서 390 픽셀 떨어진 곳에 절대 위치로 존재합니다.

➡ 51 : 이름이 "img_sw03"인 이미지 태그로 사용하는 이미지 파일명은 img 폴더에 있는 img_light3_off.jpg 파일을 사용합니다. 이 이미지를 클릭 했을 경우 JavaScript 함수 Sendsw() 함수에 "SW03" 설정 값을 적용하여 호출합니다.

➡ 52 : "dsw03" id로 그룹 지어진 태그의 끝을 의미합니다.

➡ 53 : 내부 태그를 그룹 짓는데 사용하는 태그 시작으로 첫 번째 난방 이미지 태그를 그룹 짓는 것을 의미합니다. 속성은 왼쪽에서 388 픽셀, 위쪽에서 320 픽셀 떨어진 곳에 절대 위치로 존재합니다.

➡ 54 : 이름이 "img_heat01"인 이미지 태그로 사용하는 이미지 파일명은 img 폴더에 있는 img_heat1_off.jpg 파일을 사용합니다. 이 이미지를 클릭 했을 경우 JavaScript 함수 Sendheat() 함수에 "Room1" 설정 값을 적용하여 호출합니다.

➡ 55 : "dheat01" id로 그룹 지어진 태그의 끝을 의미합니다.

➡ 56 : 내부 태그를 그룹 짓는데 사용하는 태그 시작으로 두 번째 난방 이미지 태그를 그룹 짓는 것을 의미합니다. 속성은 왼쪽에서 150 픽셀, 위쪽에서 167 픽셀 떨어진 곳에 절대 위치로 존재합니다.

➡ 57 : 이름이 "img_heat02"인 이미지 태그로 사용하는 이미지 파일명은 img 폴더에 있는 img_heat2_off.jpg 파일을 사용합니다. 이 이미지를 클릭 했을 경우 JavaScript 함수 Sendheat() 함수에 "Room2" 설정 값을 적용하여 호출합니다.

➡ 58 : "dheat02" id로 그룹 지어진 태그의 끝을 의미합니다.

➡ 59 : 내부 태그를 그룹 짓는데 사용하는 태그 시작으로 블라인드 이미지 태그를 그룹 짓는 것을 의미합니다. 속성은 왼쪽에서 380 픽셀, 위쪽에서 395 픽셀 떨어진 곳에 절대 위치로 존재합니다.

➡ 60 : 이름이 "img_blind"인 이미지 태그로 사용하는 이미지 파일명은 img 폴더에 있는 img_blind_off.jpg 파일을 사용합니다. 이 이미지를 클릭 했을 경우 JavaScript 함수 Sendblind() 함수를 호출합니다.

➡ 61 : "dblind" id로 그룹 지어진 태그의 끝을 의미합니다.

➡ 62 : 내부 태그를 그룹 짓는데 사용하는 태그 시작으로 가스밸브 이미지 태그를 그룹 짓는 것을 의미합니다. 속성은 왼쪽에서 110 픽셀, 위쪽에서 264 픽셀 떨어진 곳에 절대 위치로 존재합니다.

➡ 63 : 이름이 "img_gasvalve"인 이미지 태그로 사용하는 이미지 파일명은 img 폴더에 있는 img_gasvalve_off.jpg 파일을 사용합니다. 이 이미지를 클릭 했을 경우 JavaScript 함수 Sendgas() 함수를 호출합니다.

➡ 64 : "dgasvalve" id로 그룹 지어진 태그의 끝을 의미합니다.

➡ 65 : 내부 태그를 그룹 짓는데 사용하는 태그 시작으로 가스센서 이미지 태그를 그룹 짓는 것을 의미합니다. 속성은 왼쪽에서 70 픽셀, 위쪽에서 305 픽셀 떨어진 곳에 절대 위치로 존재합니다.

➡ 66 : 이름이 "img_gassensor"인 이미지 태그로 사용하는 이미지 파일명은 img 폴더에 있는 img_gassensor_off.jpg 파일을 사용합니다.

➡ 67 : "dgassensor" id로 그룹 지어진 태그의 끝을 의미합니다.

➡ 68 : 그룹 설정의 시작을 의미합니다. 이 블록은 보이지 않기 옵션이 설정 되었는데 이 블록 안의 내용을 보기 위해서는 VISIBILITY:visible로 변경하면 됩니다. 이 블록의 위치는 절대 좌표로 위치합니다.

➡ 69 : table의 시작을 의미하며 속성으로 table의 백그라운드와 넓이와 높이 선의 굵기가 설정되었습니다.

➡ 70 : valign=top 는 맨 위 정렬을 의미합니다.

➡ 71 : Socket 통신 용도의 id가 XSock 인 Active-X를 의미합니다.

➡ 74 : "Active-X" id로 그룹 지어진 태그의 끝을 의미합니다.

3) 소스 작성-2

① 기존 gui_1.html 소스 중 아래의 </STYLE> </head> 사이에 코드를 추가한다.

```
.box2{ background-color:#FFFFFF; border:1x solid #D5D4D5; font-family:??;font-size:10pt; TEXT-A
LIGN: CENTER;}
</STYLE>
         ←───────────  추가 코드가 들어갈 부분
</head>
<body leftmargin=20 topmargin=30 >
```

```
<script language="javascript" src="server_info.js" ></script>
<script language="javascript" >

 var Room1Value  = "";
 var Room2Value  = "";
 var Sw01Value = "";
 var Sw02Value = "";
 var Sw03Value = "";
 var BlindValue = "";

var GasvalveValue = "";
 var GassensorValue = "";

 var ReqSWName = "";
 var PreRoom1Value = "";
 var PreRoom2Value = "";
 var C_TempValue1 = "";
 var S_TempValue1 = "";
 var C_TempValue2 = "";
 var S_TempValue2 = "";


function init()
{
     connect();
     window.setTimeout('Check()', 1000);
  }
}

function disconnect ()
{
      if (document.XSock ) document.XSock.Send( 'disconnect`100`100'  , 0 );
      if (document.XSock ) document.XSock.Close();
}

function connect ()
{
      if (txtIp.value =="" || txtPort.value =="") {
         alert("입력 정보를 더 넣어주세요.");
      }
      else if ( document.XSock ) {
          var temp1 = document.XSock.Connect( txtIp.value, txtPort.value  );
          var server_ip = txtIp.value;
          var server_port = txtPort.value;
      }
}
```

```
function Check ()
{
       if ( document.XSock ) { document.XSock.Send( "link`section_group=*" , 0 ); }
}

function Sendheat(SName)
{
   if(SName == "Room1")

   {
       var Temp1 = PreRoom1Value.split(",");

      if(Room1Value == "OFF")
      {
          S_TempValue1 = C_TempValue1 - 1 + 4;
      }
      else
      {
S_TempValue1 = C_TempValue1 - 3 ;
     }
     Temp1[3] = S_TempValue1 ;
     var strvalue = Temp1[0] ;
     var count = 1 ;
     while(count< 22)
     {
        strvalue = strvalue + ","+ Temp1[count] ;
        count = count + 1 ;
     }
     var strmsg = "set`VM01`Room1`" + strvalue ;
     SendMessage(strmsg);
  }

  else if(SName == "Room2"){
     var Temp2 = PreRoom2Value.split(",");

     if(Room2Value == "OFF")
     {
       S_TempValue2 = C_TempValue2 - 1 + 4 ;
     }
     else
     {
       S_TempValue2 = C_TempValue2 - 3 ;
     }
     Temp2[3] = S_TempValue2 ;
     var strvalue = Temp2[0] ;
     var count = 1 ;
     while(count< 22)
     {
        strvalue = strvalue + ","+ Temp2[count] ;
        count = count + 1 ;
      }
      var strmsg = "set`VM01`Room2`" + strvalue ;
      SendMessage(strmsg);
   }
}
```

```
function Sendgas()
{
   var strmsg ;

   if(GasvalveValue == "OFF")
   {
     var strvalue = "OFF";
   }
   else
   {
     var strvalue = "OFF";
   }
   strmsg = "set`DIDO`DO1`" + strvalue ;
   SendMessage(strmsg);
}
function Sendblind()
{
    var strmsg ;
    var strreq ;

    if(BlindValue == "UP")
    {
      strvalue = "DOWN";
    }
    else
    {
      strvalue = "UP";
    }
    strmsg = "set`Blind`Blind1`" + strvalue ;
    SendMessage(strmsg);
    window.setTimeout('Reqblind()', 1000);
}

function Sendsw(SName)
{
   var strvalue ;
   var strdmsg ;

   ReqSWName = SName ;
   if(SName == "SW01"){
     if(Sw01Value == "OFF")
     {
       strvalue = "10";
     }
     else
     {
       strvalue = "0";
     }
   }
   else if(SName == "SW02"){
     if(Sw02Value == "OFF")
     {
       strvalue = "10";
     }
     else
```

```
      {
        strvalue = "0";
      }
    }
    else if(SName == "SW03"){
      if(Sw03Value == "OFF")
      {
        strvalue = "10";
      }
      else
      {
        strvalue = "0";
      }
    }
  strmsg = "set`DLight`"+ SName + "`" + strvalue ;
    SendMessage(strmsg);
    window.setTimeout('Reqsw()', 1000);
}

function Reqsw()
{
    var strreq ;
    strreq = "set`DLight`"+ ReqSWName + "`REQ" ;
    SendMessage(strreq);
}

function Reqblind()
{
    var strreq ;
    strreq = "set`Blind`Blind1`REQ" ;
    SendMessage(strreq);
}

function Displayimg(SName, Key, Value)
{
    if(SName == "DLight")
    {
      if(Key == "SW01"){
          if(Value == "0"){
            Sw01Value = "OFF" ;
            document.all.img_sw01.src = "./img/img_light1_off.jpg" ;
          }
          else {
            Sw01Value = "ON";
            document.all.img_sw01.src = "./img/img_light1_on.jpg";
          }
      }
      else if(Key == "SW02"){
          if(Value == "0"){
            Sw02Value = "OFF" ;
            document.all.img_sw02.src = "./img/img_light2_off.jpg" ;
          }
          else {
            Sw02Value = "ON";
            document.all.img_sw02.src = "./img/img_light2_on.jpg";
```

```
        }
      }
      else if(Key == "SW03"){
        if(Value == "0"){
          Sw03Value = "OFF" ;
          document.all.img_sw03.src = "./img/img_light3_off.jpg" ;
        }
        else {
          Sw03Value = "ON";
          document.all.img_sw03.src = "./img/img_light3_on.jpg";
        }
      }
    }

  else if(SName =="VM01")
   {
      if(Key == "Room1"){
       PreRoom1Value =  Value ;
       var Temp1 ;
       Temp1 = Value.split(",");
       C_TempValue1 =  Temp1[2];
       S_TempValue1 =  Temp1[3];

       if(C_TempValue1 > S_TempValue1)
       {
           Room1Value = "OFF" ;
           document.all.img_heat01.src = "./img/img_heat1_off.jpg";
       }
       else
       {
           document.all.img_heat01.src = "./img/img_heat1_on.jpg";
           Room1Value = "ON" ;
       }
      }
      else if(Key == "Room2"){
       PreRoom2Value =  Value ;
       var Temp2 ;
       Temp2 = Value.split(",");
       C_TempValue2 =  Temp2[2];
       S_TempValue2 =  Temp2[3];

       if(C_TempValue2 > S_TempValue2)
       {
           document.all.img_heat02.src = "./img/img_heat2_off.jpg";
           Room2Value = "OFF" ;
       }
       else
       {
           document.all.img_heat02.src = "./img/img_heat2_on.jpg";
           Room2Value = "ON" ;
       }
      }
    }

  else if(SName =="Blind")
```

```
 {
    if(Key == "Blind1"){
      if(Value == "UP"){
        BlindValue = "UP" ;
        document.all.img_blind.src = "./img/img_blind_on.jpg" ;
      }
      else {
        BlindValue = "DOWN";
        document.all.img_blind.src = "./img/img_blind_off.jpg";
      }
    }
  }
else if(SName =="DIDO")
 {
    if(Key == "DI3"){
       if(Value == "ON"){
         GassensorValue = "ON" ;
         document.all.img_gassensor.src = "./img/img_gassensor_on.jpg" ;
       }
       else {
         GassensorValue = "OFF";
         document.all.img_gassensor.src = "./img/img_gassensor_off.jpg";
       }
    }

    if(Key == "DI4"){
       if(Value == "OFF"){
         GasvalveValue = "OFF" ;
         document.all.img_gasvalve.src = "./img/img_gasvalve_on.jpg" ;
       }
       else {
         GassensorValue = "ON";
         document.all.img_gasvalve.src = "./img/img_gasvalve_off.jpg";
       }
    }
  }
}

function SendMessage ( msg )
{
    if ( document.XSock ) { document.XSock.Send( msg , 0 ); }
}
</script>

<script language="Javascript" FOR="XSock"  EVENT="OnReceive( lpData, nBuffLen )" >
      var token = lpData.split("!");
      var count = 0 ;
      for( ; count < token.length; count ++ )
      {
           if(token[count] == "")
           {  }
           else
           {
              var getData = token[count].split(" ");
              if(getData[2] == "SW01" || getData[2] == "SW02" || getData[2] == "SW03")
```

```
    {
                if(getData[3] != "NONE"){
                        Displayimg(getData[1], getData[2], getData[3]);
                }
            }
            else if(getData[2] == "Room1" || getData[2] == "Room2")
            {
                if(getData[3] != "NONE"){
                        Displayimg(getData[1], getData[2], getData[3]);
                }
            }
else if(getData[2] == "Blind1")
    {
            if(getData[3] != "NONE"){
                Displayimg(getData[1], getData[2], getData[3]);
            }
    }
    else if(getData[2] == "DI3" || getData[2] == "DI4")
    {
            if(getData[3] != "NONE"){
                Displayimg(getData[1], getData[2], getData[3]);
            }
    }
  }
}
</script>
```

② C: \APM_Setup \htdocs \test 폴더에 gui_2.html 이름으로 저장한다.

③ Web Browser로 http://localhost/test/gui_2.html 접속하여 아래와 같은 화면을 확인한다.

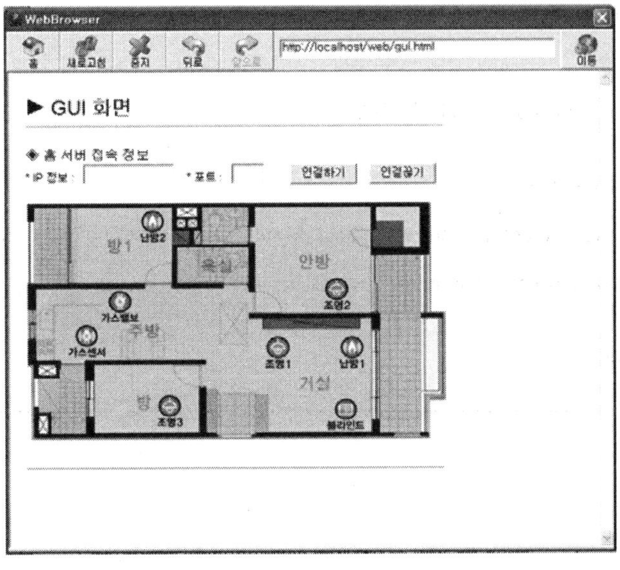

4) 소스 해설-2

```
<script language="javascript" src="server_info.js" ></script>
<script language="javascript" >
 var Room1Value  = "";
 var Room2Value  = "";
 var Sw01Value = "";
 var Sw02Value = "";
 var Sw03Value = "";
 var BlindValue = "";
 var GasvalveValue = "";
 var GassensorValue = "";
 var ReqSWName = "";
 var PreRoom1Value = "";
 var PreRoom2Value = "";
 var C_TempValue1 = "";
 var S_TempValue1 = "";
 var C_TempValue2 = "";
 var S_TempValue2 = "";
function init()
{
      connect();
      window.setTimeout('Check()', 1000);
}
function disconnect ()
{
       if (document.XSock ) document.XSock.Send( 'disconnect`100`100'  , 0 );
      if (document.XSock ) document.XSock.Close();
}
function connect ()
{
```

```
        if (txtIp.value =="" || txtPort.value =="") {
              alert("입력 정보를 더 넣어주세요.");
        }
        else if ( document.XSock ) {
              var temp1 = document.XSock.Connect( txtIp.value, txtPort.value  );
              var server_ip = txtIp.value;
              var server_port = txtPort.value;
        }
}
function Check ()
{
        if ( document.XSock ) { document.XSock.Send( "link`section_group=*" , 0 ); }
}
function Sendheat(SName)
{
    if(SName == "Room1")
    {
        var Temp1 = PreRoom1Value.split(",");
        if(Room1Value == "OFF")
        {
            S_TempValue1 = C_TempValue1 - 1 + 4;
        }
        else
        {
            S_TempValue1 = C_TempValue1 - 3 ;
        }
       Temp1[3] = S_TempValue1 ;
       var strvalue = Temp1[0] ;
       var count = 1 ;
       while(count< 22)
       {
           strvalue = strvalue + ","+ Temp1[count] ;
           count = count + 1 ;
       }
       var strmsg = "set`VM01`Room1`" + strvalue ;
       SendMessage(strmsg);
```

```
}
  else if(SName == "Room2"){
    var Temp2 = PreRoom2Value.split(",");
    if(Room2Value == "OFF")
    {
      S_TempValue2 = C_TempValue2 - 1 + 4 ;
    }
    else
    {
      S_TempValue2 = C_TempValue2 - 3 ;
    }
    Temp2[3] = S_TempValue2 ;
    var strvalue = Temp2[0] ;
    var count = 1 ;
    while(count< 22)
    {
        strvalue = strvalue + ","+ Temp2[count] ;
        count = count + 1 ;
     }
     var strmsg = "set`VM01`Room2`" + strvalue ;
     SendMessage(strmsg);
   }
}
function Sendgas()
{
   var strmsg ;
   if(GasvalveValue == "OFF")
   {
      var strvalue = "OFF";
   }
   else
   {
      var strvalue = "OFF";
```

```
 }
   strmsg = "set`DIDO`DO1`" + strvalue ;
   SendMessage(strmsg);
}
function Sendblind()
{
    var strmsg ;
    var strreq ;
    if(BlindValue == "UP")
    {
      strvalue = "DOWN";
    }
    else
    {
      strvalue = "UP";
    }
    strmsg = "set`Blind`Blind1`" + strvalue ;
    SendMessage(strmsg);
    window.setTimeout('Reqblind()', 1000);
}
function Sendsw(SName)
{
   var strvalue ;
   var strdmsg ;
   ReqSWName = SName ;
   if(SName == "SW01"){
     if(Sw01Value == "OFF")
     {
       strvalue = "10";
     }
     else
     {
       strvalue = "0";
```

```
  }
  else if(SName == "SW02"){
   if(Sw02Value == "OFF")
    {
     strvalue = "10";
    }
    else
    {
     strvalue = "0";
    }
  }
  else if(SName == "SW03"){
    if(Sw03Value == "OFF")
    {
     strvalue = "10";
    }
    else
    {
     strvalue = "0";
    }
  }
 strmsg = "set`DLight`"+ SName + "`" + strvalue ;
 SendMessage(strmsg);
 window.setTimeout('Reqsw()', 1000);
}
function Reqsw()
{
  var strreq ;
  strreq = "set`DLight`"+ ReqSWName + "`REQ" ;
  SendMessage(strreq);
}
```

```
function Reqblind()
{
  var strreq ;
   strreq = "set`Blind`Blind1`REQ" ;
   SendMessage(strreq);
}
function Displayimg(SName, Key, Value)
{
   if(SName == "DLight")
  {
     if(Key == "SW01"){
       if(Value == "0"){
            Sw01Value = "OFF" ;
            document.all.img_sw01.src = "./img/img_light1_off.jpg" ;
         }
         else {
            Sw01Value = "ON";
            document.all.img_sw01.src = "./img/img_light1_on.jpg";
         }
     }
     else if(Key == "SW02"){
         if(Value == "0"){
            Sw02Value = "OFF" ;
            document.all.img_sw02.src = "./img/img_light2_off.jpg" ;
         }
         else {
            Sw02Value = "ON";
            document.all.img_sw02.src = "./img/img_light2_on.jpg";
         }
     }
```

```
    else if(Key == "SW03"){
        if(Value == "0"){
         Sw03Value = "OFF" ;
            document.all.img_sw03.src = "./img/img_light3_off.jpg" ;
         }
         else {
            Sw03Value = "ON";
            document.all.img_sw03.src = "./img/img_light3_on.jpg";
         }
    }
}
else if(SName =="VM01")
{
    if(Key == "Room1"){
       PreRoom1Value = Value ;
       var Temp1 ;
       Temp1 = Value.split(",");
       C_TempValue1 = Temp1[2];
       S_TempValue1 = Temp1[3];
       if(C_TempValue1 > S_TempValue1)
       {
           Room1Value = "OFF" ;
           document.all.img_heat01.src = "./img/img_heat1_off.jpg";
       }
       else
       {
           document.all.img_heat01.src = "./img/img_heat1_on.jpg";
           Room1Value = "ON" ;
       }
    }
    else if(Key == "Room2"){
      PreRoom2Value = Value ;
```

```
      var Temp2 ;
      Temp2 = Value.split(",");
      C_TempValue2 =  Temp2[2];
      S_TempValue2 =  Temp2[3];
      if(C_TempValue2 > S_TempValue2)
      {
          document.all.img_heat02.src = "./img/img_heat2_off.jpg";
          Room2Value = "OFF" ;
      }
      else
      {
          document.all.img_heat02.src = "./img/img_heat2_on.jpg";
          Room2Value = "ON" ;
      }
    }
  }
  else if(SName =="Blind")
  {
     if(Key == "Blind1"){
       if(Value == "UP"){
          BlindValue = "UP" ;
          document.all.img_blind.src = "./img/img_blind_on.jpg" ;
       }
       else {
          BlindValue = "DOWN";
          document.all.img_blind.src = "./img/img_blind_off.jpg";
       }
     }
  }
  else if(SName =="DIDO")
  {
    if(Key == "DI3"){
```

```
        if(Value == "ON"){
          GassensorValue = "ON" ;
          document.all.img_gassensor.src = "./img/img_gassensor_on.jpg" ;
        }
        else {
          GassensorValue = "OFF";
          document.all.img_gassensor.src = "./img/img_gassensor_off.jpg";
        }
      }
      if(Key == "DI4"){
        if(Value == "OFF"){
          GasvalveValue = "OFF" ;
          document.all.img_gasvalve.src = "./img/img_gasvalve_on.jpg" ;
        }
        else {
          GassensorValue = "ON";
          document.all.img_gasvalve.src = "./img/img_gasvalve_off.jpg";
        }
      }
    }
}
function SendMessage ( msg )
{
    if ( document.XSock ) { document.XSock.Send( msg , 0 ); }
}
</script>
<script language="Javascript" FOR="XSock"  EVENT="OnReceive( lpData, nBuffLen )" >
        var token = lpData.split("!");
        var count = 0 ;
        for( ; count < token.length; count ++ )
        {
```

```
191             if(token[count] == "")
                { }
192             else
                {
193                 var getData = token[count].split("`");
194                 if(getData[2] == "SW01" || getData[2] == "SW02" || getData[2] == "SW03")
                    {
195                         if(getData[3] != "NONE"){
196                                 Displayimg(getData[1], getData[2], getData[3]);
                            }
                     }
197                  else if(getData[2] == "Room1" || getData[2] == "Room2")
                     {
198                         if(getData[3] != "NONE"){
199                                 Displayimg(getData[1], getData[2], getData[3]);
                            }
                     }
200                 else if(getData[2] == "Blind1")
                    {
201                         if(getData[3] != "NONE"){
202                                 Displayimg(getData[1], getData[2], getData[3]);
                            }
                    }
203                 else if(getData[2] == "DI3" || getData[2] == "DI4")
                    {
204                         if(getData[3] != "NONE"){
205                                 Displayimg(getData[1], getData[2], getData[3]);
                            }
                    }
            }
    }
206 </script>
```

➡ 1 : 외부의 server_info.js 파일을 HTML 문서 내에서 JavaScript 파일로 사용함을 의미합니다.
➡ 2 : HTML 문서에서 사용할 JavaScript 내용의 시작을 의미합니다.
➡ 3 : 1번 난방의 상태 값 임시 저장을 위한 변수 선언을 의미합니다.
➡ 4 : 2번 난방의 상태 값 임시 저장을 위한 변수 선언을 의미합니다.
➡ 5 : 1번 조명 스위치 상태 값 임시 저장을 위한 변수 선언을 의미합니다.
➡ 6 : 2번 조명 스위치 상태 값 임시 저장을 위한 변수 선언을 의미합니다.

➡ 7 : 3번 조명 스위치 상태 값 임시 저장을 위한 변수 선언을 의미합니다.
➡ 8 : 블라인드의 상태 값 임시 저장을 위한 변수 선언을 의미합니다.
➡ 9 : 가스밸브의 상태 값 임시 저장을 위한 변수 선언을 의미합니다.
➡ 10 : 가스센서의 상태 값 임시 저장을 위한 변수 선언을 의미합니다.
➡ 11 : 조명 스위치 제어 값 임시 저장을 위한 변수 선언을 의미합니다.
➡ 12 : 1번 난방 제어 값 임시 저장을 위한 변수 선언을 의미합니다.
➡ 13 : 2번 난방 제어 값 임시 저장을 위한 변수 선언을 의미합니다.
➡ 14 : 1번 난방 현재온도 값 임시 저장을 위한 변수 선언을 의미합니다.
➡ 15 : 1번 난방 설정온도 값 임시 저장을 위한 변수 선언을 의미합니다.
➡ 16 : 2번 난방 현재온도 값 임시 저장을 위한 변수 선언을 의미합니다.
➡ 17 : 2번 난방 설정온도 값 임시 저장을 위한 변수 선언을 의미합니다.
➡ 18 : 홈 서버 초기 연결을 위한 사용자 정의 함수의 시작을 의미합니다.
➡ 19 : connect() 사용자 정의 함수의 호출을 의미합니다.
➡ 20 : init() 함수의 호출이 일어난 뒤 1초(1000) 후에 Check() 사용자 정의 함수를 호출하는 것을 의미합니다.
➡ 21 : 홈 서버 소켓통신 연결을 끊는 사용자 정의 함수의 시작을 의미합니다.
➡ 22 : HTML 문서 내 소켓 통신을 할 수 있는 XSock Active-X객체가 존재하는 경우 이 Active-X의 Send 메서드를 사용하여 소켓 통신이 연결되어 있는 홈 서버에 소켓통신 연결끊기 프로토콜 데이터인 "disconnect`100`100`" 메시지를 보내라는 것을 의미합니다.
➡ 23 : Xsock Active-X의 Close 메서드를 사용하여 홈 서버와의 소켓 연결을 닫는 것을 의미합니다.
➡ 24 : 홈 서버와 소켓통신을 연결하는 사용자 정의 함수의 시작을 의미합니다.
➡ 25 : txtIp, txtPort라는 이름을 가진 TextBox의 내용에 빈 내용이 있는 경우의 조건을 의미합니다.
➡ 26 : " 입력 정보를 더 넣어주세요 "라는 내용으로 경고창을 띄우는 것을 의미합니다.
➡ 27 : 소켓 객체의 존재 유무의 조건을 의미합니다.
➡ 28 : XSock Active-X의 Connect 메서드를 사용하여 txtIp와 txtPort TextBox에 입력한 홈 서버에 소켓을 연결 하라는 것을 의미합니다.
➡ 29 : 변수 server_ip에 txtIp TextBox에 입력한 정보를 대입하는 것을 의미합니다.
➡ 30 : 변수 server_port에 txtPort TextBox에 입력한 정보를 대입하는 것을 의미합니다.
➡ 31 : 전체 디바이스 상태를 체크하는 사용자 정의 함수의 시작을 의미합니다.
➡ 32 : XSock Active-X의 Send 메서드를 사용하여 전체 디바이스와의 소켓 통신 시작을 의미하는 프로토콜인 "link`section_name=*" 메시지를 보내라는 것을 의미합니다.
➡ 33 : 난방 디바이스 제어를 위한 사용자 정의 함수의 시작을 의미합니다.
➡ 34 : 함수 호출 시 설정한 값이 "Room1" 같은 경우의 35라인부터 48라인까지 순차적으로 실행하라는 것을 의미합니다.
➡ 35 : 이미 저장되어 있는 1번 난방의 데이터를 ","를 기준으로 분리하여 Temp1 배열에 대입하는 것을 의미합니다.
➡ 36 : Room1Value 변수에 저장되어 있는 값이 "OFF"와 같은 경우 37 라인을 실행하라는 것을

의미합니다.

➡ 37 : S_TempValue1 변수에 임시 저장되어 있는 1번 난방의 현재 온도 값에서 3도 만큼 높은 값을 계산하여 대입시키라는 의미입니다.

➡ 38 : Room1Value 변수에 저장되어 있는 값이 "OFF"와 같지 않은 경우 39 라인을 실행하라는 것을 의미합니다.

➡ 39 : S_TempValue1 변수에 임시 저장되어 있는 1번 난방의 현재 온도 값에서 3도 만큼 낮은 값을 계산하여 대입시키라는 의미입니다.

➡ 40 : Temp1 배열의 4번째 요소의 값에 S_Tempvalue1의 변수에 임시 저장되어 있는 값을 대입시키라는 의미입니다.

➡ 41 : strvalue 변수에 Temp1 배열의 1번째 요소 값을 대입시키라는 의미입니다.

➡ 42 : count 변수에 초기 값 1을 대입시키라는 의미입니다.

➡ 43 : count 변수의 값이 22보다 작은 동안 { }의 내용을 반복해서 수행하라는 의미입니다.

➡ 44 : 41 라인에서 선언한 strvalue 변수에 "," 와 Temp1 배열의 count 번째 요소의 값을 더하여 대입시키라는 의미입니다.

➡ 45 : 42 라인에서 선언한 count 변수에 현재 count 변수의 값에서 1 만큼 더한 값을 계산하여 대입시키라는 의미입니다.

➡ 46 : strmsg 변수에 난방 제어 메시지 프로토콜 포맷을 만들어 대입시키라는 의미입니다. 만드는 방법은 난방의 제어 메시지 기본 포맷에 변수 strvalue의 값을 더하여 만드는데 난방 제어 메시지 프로토콜 포맷은 사용자 매뉴얼의 TCP/IP 프로토콜 포맷 중 난방 부분을 참조하여 작성합니다.

➡ 47 : SendMessage() 사용자 정의 함수에 strmsg 설정 값을 적용하여 호출합니다.

➡ 49 : 함수 호출 시 설정한 값이 "Room2" 같은 경우의 50라인부터 62라인까지 순차적으로 실행하라는 것을 의미합니다.

➡ 50 : 이미 저장되어 있는 1번 난방의 데이터를 ","를 기준으로 분리하여 Temp2 배열에 대입하는 것을 의미합니다.

➡ 51 : Room2Value 변수에 저장되어 있는 값이 "OFF"와 같은 경우 52 라인을 실행하라는 것을 의미합니다.

➡ 52 : S_TempValue2 변수에 임시 저장되어 있는 2번 난방의 현재 온도 값에서 3도 만큼 높은 값을 계산하여 대입시키라는 의미입니다.

➡ 53 : Room2Value 변수에 저장되어 있는 값이 "OFF"와 같지 않은 경우 54 라인을 실행하라는 것을 의미합니다.

➡ 54 : S_TempValue2 변수에 임시 저장되어 있는 2번 난방의 현재 온도 값에서 3도 만큼 낮은 값을 계산하여 대입시키라는 의미입니다.

➡ 55 : Temp2 배열의 4번째 요소의 값에 S_Tempvalue2의 변수에 임시 저장되어 있는 값을 대입시키라는 의미입니다.

➡ 56 : strvalue 변수에 Temp2 배열의 1번째 요소 값을 대입시키라는 의미입니다.

➡ 57 : count 변수에 초기 값 1을 대입시키라는 의미입니다.

➡ 58 : count 변수의 값이 22보다 작은 동안 { }의 내용을 반복해서 수행하라는 의미입니다.

➡ 59 : 41 라인에서 선언한 strvalue 변수에 "," 와 Temp2 배열의 count 번째 요소의 값을 더하

여 대입시키라는 의미입니다.

➡ 60 : 57 라인에서 선언한 count 변수에 현재 count 변수의 값에서 1 만큼 더한 값을 계산하여 대입시키라는 의미입니다.

➡ 61 : strmsg 변수에 난방 제어 메시지 프로토콜 포맷을 만들어 대입시키라는 의미입니다. 만드는 방법은 난방의 제어 메시지 기본 포맷에 변수 strvalue의 값을 더하여 만드는데 난방 제어 메시지 프로토콜 포맷은 사용자 매뉴얼의 TCP/IP 프로토콜 포맷 중 난방 부분을 참조하여 작성합니다.

➡ 62 : SendMessage() 사용자 정의 함수에 strmsg 설정 값을 적용하여 호출합니다.

➡ 63 : 가스밸브 디바이스 제어를 위한 사용자 정의 함수의 시작을 의미합니다.

➡ 64 : 가스밸브 디바이스 제어 명령을 위한 임시 변수 선언을 의미합니다.

➡ 65 : GasvalveValue 변수에 저장되어 있는 값이 "OFF"와 같은 경우 66 라인을 실행하라는 것을 의미합니다.

➡ 66 : strvalue 변수에 "OFF" 값을 대입하는 것을 의미합니다.

➡ 67 : GasvalveValue 변수에 저장되어 있는 값이 "OFF"와 다른 경우 68 라인을 실행하라는 것을 의미합니다.

➡ 68 : strvalue 변수에 "OFF" 값을 대입하는 것을 의미합니다.

➡ 69 : strmsg 변수에 가스밸브 제어 메시지 프로토콜 포맷을 만들어 대입시키라는 의미입니다. 만드는 방법은 가스밸브 제어 메시지 기본 포맷에 변수 strvalue의 값을 더하여 만듭니다.

➡ 70 : SendMessage() 사용자 정의 함수에 strmsg 설정 값을 적용하여 호출합니다.

➡ 71 : 블라인드 디바이스 제어를 위한 사용자 정의 함수의 시작을 의미합니다.

➡ 72 : 블라인드 디바이스 제어 명령을 위한 임시 변수 선언을 의미합니다.

➡ 73 : 블라인드 디바이스 상태 요청 명령을 위한 임시 변수 선언을 의미합니다.

➡ 74 : BlindValue 변수에 저장되어 있는 값이 "UP"와 같은 경우 75 라인을 실행하라는 것을 의미합니다.

➡ 75 : strvalue 변수에 "DOWN" 값을 대입하는 것을 의미합니다.

➡ 76 : BlindValue 변수에 저장되어 있는 값이 "UP"과 다른 경우 77 라인을 실행하라는 것을 의미합니다.

➡ 77 : strvalue 변수에 "UP" 값을 대입하는 것을 의미합니다.

➡ 78 : strmsg 변수에 블라인드 제어 메시지 프로토콜 포맷을 만들어 대입시키라는 의미입니다. 만드는 방법은 블라인드 제어 메시지 기본 포맷에 변수 strvalue의 값을 더하여 만듭니다.

➡ 79 : SendMessage() 사용자 정의 함수에 strmsg 설정 값을 적용하여 호출합니다.

➡ 80 : Sendblind() 함수의 호출이 일어난 뒤 1초(1000) 후에 블라인드 상태 값 요청 사용자 함수인 Reqblind()를 호출하는 것을 의미합니다.

➡ 81 : 조명 디바이스 제어를 위한 사용자 정의 함수의 시작을 의미합니다.

➡ 82 : 조명 디바이스 제어를 위한 임시 변수 선언을 의미합니다.

➡ 83 : 조명 디바이스 제어 메시지 저장을 위한 임시 변수 선언을 의미합니다.

➡ 84 : ReqSWName 변수에 Sendsw() 함수 호출 시 설정된 SName의 값을 대입하는 것을 의미합니다.

➡ 85 : SName의 값이 "SW01"와 같은 경우 { } 안의 내용을 수행하라는 것을 의미합니다.

➡ 86 : Sw01Value 변수에 저장되어 있는 값이 "OFF"와 같은 경우 87 라인을 실행하라는 것을 의미합니다.
➡ 87 : strvalue 변수에 "10" 값을 대입하는 것을 의미합니다.
➡ 88 : Sw01Value 변수에 저장되어 있는 값이 "OFF"와 다른 경우 89 라인을 실행하라는 것을 의미합니다.
➡ 89 : strvalue 변수에 "0" 값을 대입하는 것을 의미합니다.
➡ 90 : SName의 값이 "SW02"와 같은 경우 { } 안의 내용을 수행하라는 것을 의미합니다.
➡ 91 : Sw02Value 변수에 저장되어 있는 값이 "OFF"와 같은 경우 92 라인을 실행하라는 것을 의미합니다.
➡ 92 : strvalue 변수에 "10" 값을 대입하는 것을 의미합니다.
➡ 93 : Sw02Value 변수에 저장되어 있는 값이 "OFF"와 다른 경우 94 라인을 실행하라는 것을 의미합니다.
➡ 94 : strvalue 변수에 "0" 값을 대입하는 것을 의미합니다.
➡ 95 : SName의 값이 "SW03"와 같은 경우 { } 내용을 수행하라는 것을 의미합니다.
➡ 96 : Sw03Value 변수에 저장되어 있는 값이 "OFF"와 같은 경우 92 라인을 실행하라는 것을 의미합니다.
➡ 97 : strvalue 변수에 "10" 값을 대입하는 것을 의미합니다.
➡ 98 : Sw03Value 변수에 저장되어 있는 값이 "OFF"와 다른 경우 94 라인을 실행하라는 것을 의미합니다.
➡ 99 : strvalue 변수에 "0" 값을 대입하는 것을 의미합니다.
➡ 100 : strmsg 변수에 조명 제어 메시지 프로토콜 포맷을 만들어 대입시키라는 의미입니다. 만드는 방법은 조명 제어 메시지 기본 포맷에 변수 Sname과 변수 strvalue의 값을 더하여 만듭니다.
➡ 101 : SendMessage() 사용자 정의 함수에 strmsg 설정 값을 적용하여 호출합니다.
➡ 102 : Sendsw() 함수의 호출이 일어난 뒤 1초(1000) 후에 조명 상태 값 요청 사용자 함수인 Reqsw()를 호출하는 것을 의미합니다.
➡ 103 : 조명 디바이스 상태 값 요청을 위한 사용자 정의 함수의 시작을 의미합니다.
➡ 104 : 조명 디바이스 상태 값 요청을 위한 임시 변수 선언을 의미합니다.
➡ 105 : strreq 변수에 조명 상태 값 요청 메시지 프로토콜 포맷을 만들어 대입시키라는 의미입니다. 만드는 방법은 조명 상태 값 요청 기본 포맷에 ReqSWName 값을 더하여 만듭니다.
➡ 106 : SendMessage() 사용자 정의 함수에 strreq 설정 값을 적용하여 호출합니다.
➡ 107 : 블라인드 디바이스 상태 값 요청을 위한 사용자 정의 함수의 시작을 의미합니다.
➡ 108 : 블라인드 디바이스 상태 값 요청을 위한 임시 변수 선언을 의미합니다.
➡ 109 : strreq 변수에 블라인드 상태 값 요청 메시지 프로토콜 포맷을 만들어 대입시키라는 의미입니다. 만드는 방법은 블라인드 상태 값 요청 기본 포맷을 그대로 사용합니다.
➡ 110 : SendMessage() 사용자 정의 함수에 strreq 설정 값을 적용하여 호출합니다.
➡ 111 : 이미지 Display 변경을 위한 사용자 정의 함수의 시작을 의미합니다.
➡ 112 : Displayimg() 함수 호출 시 설정된 SName의 값이 "DLight"와 같은 경우 { }의 내용을 수행하라는 것을 의미합니다.

➡ 114 : Displayimg() 함수 호출 시 설정된 Key 값이 "SW01"와 같은 경우 { }의 내용을 수행하라는 것을 의미합니다.

➡ 115 : Displayimg() 함수 호출 시 설정된 Value 값이 "0"과 같은 경우{ }의 내용을 수행하라는 것을 의미합니다.

➡ 116 : Sw01Value 변수에 "OFF" 값을 대입하는 것을 의미합니다.

➡ 117 : 이름이 "img_sw01"인 이미지 태그의 이미지 소스를 "./img/img_light1_off.jpg"로 바꾸라는 것을 의미합니다.

➡ 118 : Displayimg() 함수 호출 시 설정된 Value 값이 "0"과 다른 경우{ }의 내용을 수행하라는 것을 의미합니다.

➡ 119 : Sw01Value 변수에 "ON" 값을 대입하는 것을 의미합니다.

➡ 120 : 이름이 "img_sw01"인 이미지 태그의 이미지 소스를 "./img/img_light1_on.jpg"로 바꾸라는 것을 의미합니다.

➡ 121 : Displayimg() 함수 호출 시 설정된 Key 값이 "SW02"와 같은 경우 { }의 내용을 수행하라는 것을 의미합니다.

➡ 122 : Displayimg() 함수 호출 시 설정된 Value 값이 "0"과 같은 경우{ }의 내용을 수행하라는 것을 의미합니다.

➡ 123 : Sw02Value 변수에 "OFF" 값을 대입하는 것을 의미합니다.

➡ 124 : 이름이 "img_sw02"인 이미지 태그의 이미지 소스를 "./img/img_light2_off.jpg"로 바꾸라는 것을 의미합니다.

➡ 125 : Displayimg() 함수 호출 시 설정된 Value 값이 "0"과 다른 경우{ }의 내용을 수행하라는 것을 의미합니다.

➡ 126 : Sw02Value 변수에 "ON" 값을 대입하는 것을 의미합니다.

➡ 127 : 이름이 "img_sw02"인 이미지 태그의 이미지 소스를 "./img/img_light2_on.jpg"로 바꾸라는 것을 의미합니다.

➡ 128 : Displayimg() 함수 호출 시 설정된 Key 값이 "SW03"와 같은 경우 { }의 내용을 수행하라는 것을 의미합니다.

➡ 129 : Displayimg() 함수 호출 시 설정된 Value 값이 "0"과 같은 경우{ }의 내용을 수행하라는 것을 의미합니다.

➡ 130 : Sw03Value 변수에 "OFF" 값을 대입하는 것을 의미합니다.

➡ 131 : 이름이 "img_sw03"인 이미지 태그의 이미지 소스를 "./img/img_light3_off.jpg"로 바꾸라는 것을 의미합니다.

➡ 132 : Displayimg() 함수 호출 시 설정된 Value 값이 "0"과 다른 경우{ }의 내용을 수행하라는 것을 의미합니다.

➡ 133 : Sw03Value 변수에 "ON" 값을 대입하는 것을 의미합니다.

➡ 134 : 이름이 "img_sw03"인 이미지 태그의 이미지 소스를 "./img/img_light3_on.jpg"로 바꾸라는 것을 의미합니다.

➡ 135 : Displayimg() 함수 호출 시 설정된 SName의 값이 "VM01"와 같은 경우 { }의 내용을 수행하라는 것을 의미합니다.

➡ 136 : Displayimg() 함수 호출 시 설정된 Key 값이 "Room1"와 같은 경우 { }의 내용을 수행하

라는 것을 의미합니다.

➡ 137 : PreRoom1Value 변수에 설정된 Value 값을 대입하는 것을 의미합니다.

➡ 138 : 설정된 Value 값 분석을 위한 임시 배열 변수 선언을 의미합니다.

➡ 139 : 설정된 Value 값을 ","를 기준으로 분리하여 Temp1 배열에 대입하는 것을 의미합니다.

➡ 140 : C_TempValue1 변수에 Temp1 배열의 3번째 요소를 대입하는 것을 의미합니다.

➡ 141 : S_TempValue1 변수에 Temp1 배열의 4번째 요소를 대입하는 것을 의미합니다.

➡ 142 : C_TempValue1의 값이 S_TempValue1 값 보다 큰 경우 { }의 내용을 수행하라는 것을 의미합니다.

➡ 143 : Room1Value 변수에 "OFF" 값을 대입하는 것을 의미합니다.

➡ 144 : 이름이 "img_heat01"인 이미지 태그의 이미지 소스를 "./img/img_heat1_off.jpg"로 바꾸라는 것을 의미합니다.

➡ 145 : C_TempValue1의 값이 S_TempValue1 값 보다 작은 경우 { }의 내용을 수행하라는 것을 의미합니다.

➡ 146 : 이름이 "img_heat01"인 이미지 태그의 이미지 소스를 "./img/img_heat1_on.jpg"로 바꾸라는 것을 의미합니다.

➡ 147 : Room1Value 변수에 "ON" 값을 대입하는 것을 의미합니다.

➡ 148 : Displayimg() 함수 호출 시 설정된 Key 값이 "Room2"와 같은 경우 { }의 내용을 수행하라는 것을 의미합니다.

➡ 149 : PreRoom2Value 변수에 설정된 Value 값을 대입하는 것을 의미합니다.

➡ 150 : 설정된 Value 값 분석을 위한 임시 배열 변수 선언을 의미합니다.

➡ 151 : 설정된 Value 값을 ","를 기준으로 분리하여 Temp2 배열에 대입하는 것을 의미합니다.

➡ 152 : C_TempValue2 변수에 Temp1 배열의 3번째 요소를 대입하는 것을 의미합니다.

➡ 153 : S_TempValue2 변수에 Temp1 배열의 4번째 요소를 대입하는 것을 의미합니다.

➡ 154 : C_TempValue2의 값이 S_TempValue2 값 보다 큰 경우 { }의 내용을 수행하라는 것을 의미합니다.

➡ 155 : 이름이 "img_heat02"인 이미지 태그의 이미지 소스를 "./img/img_heat2_off.jpg"로 바꾸라는 것을 의미합니다.

➡ 156 : Room2Value 변수에 "OFF" 값을 대입하는 것을 의미합니다.

➡ 157 : C_TempValue2의 값이 S_TempValue2 값 보다 작은 경우 { }의 내용을 수행하라는 것을 의미합니다.

➡ 158 : 이름이 "img_heat02"인 이미지 태그의 이미지 소스를 "./img/img_heat2_on.jpg"로 바꾸라는 것을 의미합니다.

➡ 159 : Room2Value 변수에 "ON" 값을 대입하는 것을 의미합니다.

➡ 160 : Displayimg() 함수 호출 시 설정된 SName의 값이 "Blind"와 같은 경우 { }의 내용을 수행하라는 것을 의미합니다.

➡ 161 : Displayimg() 함수 호출 시 설정된 Key 값이 "Blind1"와 같은 경우 { }의 내용을 수행하라는 것을 의미합니다.

➡ 162 : Displayimg() 함수 호출 시 설정된 Value 값이 "UP"과 같은 경우{ }의 내용을 수행하라는 것을 의미합니다.

- ➡ 163 : BlindValue 변수에 "UP" 값을 대입하는 것을 의미합니다.
- ➡ 164 : 이름이 "img_blind"인 이미지 태그의 이미지 소스를 "./img/img_blind_on.jpg"로 바꾸라는 것을 의미합니다.
- ➡ 165 : Displayimg() 함수 호출 시 설정된 Value 값이 "UP"과 다른 경우{ }의 내용을 수행하라는 것을 의미합니다.
- ➡ 166 : BlindValue 변수에 "DOWN" 값을 대입하는 것을 의미합니다.
- ➡ 167 : 이름이 "img_blind"인 이미지 태그의 이미지 소스를 "./img/img_blind_off.jpg"로 바꾸라는 것을 의미합니다.
- ➡ 168 : Displayimg() 함수 호출 시 설정된 SName의 값이 "DIDO"와 같은 경우 { }의 내용을 수행하라는 것을 의미합니다.
- ➡ 169 : Displayimg() 함수 호출 시 설정된 Key 값이 "DI3"와 같은 경우 { }의 내용을 수행하라는 것을 의미합니다.
- ➡ 170 : Displayimg() 함수 호출 시 설정된 Value 값이 "ON"과 같은 경우{ }의 내용을 수행하라는 것을 의미합니다.
- ➡ 171 : GassensorValue 변수에 "ON" 값을 대입하는 것을 의미합니다.
- ➡ 172 : 이름이 "img_gassensor"인 이미지 태그의 이미지 소스를 "./img/img_gassensor_on.jpg"로 바꾸라는 것을 의미합니다.
- ➡ 174 : Displayimg() 함수 호출 시 설정된 Value 값이 "ON"과 다른 경우{ }의 내용을 수행하라는 것을 의미합니다.
- ➡ 175 : GassensorValue 변수에 "OFF" 값을 대입하는 것을 의미합니다.
- ➡ 176 : 이름이 "img_gassensor"인 이미지 태그의 이미지 소스를 "./img/img_gassensor_off.jpg"로 바꾸라는 것을 의미합니다.
- ➡ 177 : Displayimg() 함수 호출 시 설정된 Key 값이 "DI4"와 같은 경우 { }의 내용을 수행하라는 것을 의미합니다.
- ➡ 178 : Displayimg() 함수 호출 시 설정된 Value 값이 "OFF"과 같은 경우{ }의 내용을 수행하라는 것을 의미합니다.
- ➡ 179 : GasvalveValue 변수에 "OFF" 값을 대입하는 것을 의미합니다.
- ➡ 180 : 이름이 "img_gasvalve"인 이미지 태그의 이미지 소스를 "./img/img_gasvalve_on.jpg"로 바꾸라는 것을 의미합니다.
- ➡ 181 : Displayimg() 함수 호출 시 설정된 Value 값이 "OFF"과 다른 경우{ }의 내용을 수행하라는 것을 의미합니다.
- ➡ 182 : GasvalveValue 변수에 "OFF" 값을 대입하는 것을 의미합니다.
- ➡ 183 : 이름이 "img_gasvalve"인 이미지 태그의 이미지 소스를 "./img/img_gasvalve_off.jpg"로 바꾸라는 것을 의미합니다.
- ➡ 184 : 홈 서버로 데이터를 전송하기 위한 사용자 정의 함수의 시작을 의미합니다.
- ➡ 185 : XSock Active-X의 Send 메서드를 사용하여 홈 서버로 msg 내용을 보내라는 것을 의미합니다.
- ➡ 187 : XSock Active-X를 통해 홈 서버로부터 받은 데이터를 처리하는 JavaScript 부분의 시작을 의미합니다.

➡ 188 : XSock Active-X를 통해 홈 서버로부터 받은 데이터를 "!"를 기준으로 분리하여 token 배열에 대입하는 것을 의미합니다.

➡ 189 : 변수 count의 값에 0을 대입하는 것을 의미합니다.

➡ 190 : token 배열의 수 만큼 for 문을 돌리는 것을 의미합니다.

➡ 191 : token 배열에 데이터가 들어가지 않는 경우 { }의 내용을 수행하라는 것을 의미합니다.

➡ 192 : token 배열에 데이터가 있는 경우 { }의 내용을 수행하라는 것을 의미합니다.

➡ 193 : XSock Active-X를 통해 홈 서버로부터 받은 token 배열의 데이터 중 count에 해당하는 데이터를 "`" 을 기준으로 분리하여 getData 배열에 대입하는 것을 의미합니다.

➡ 194 : getData[2]의 값이 "SW01" 또는 "SW02" 또는 "SW03"인 경우의 조건을 의미합니다.

➡ 195 : getData[3]의 값이 "NONE"가 아닌 경우의 조건을 의미합니다.

➡ 191 : token 배열에 데이터가 들어가지 않는 경우 { }의 내용을 수행하라는 것을 의미합니다.

➡ 192 : token 배열에 데이터가 있는 경우 { }의 내용을 수행하라는 것을 의미합니다.

➡ 193 : XSock Active-X를 통해 홈 서버로부터 받은 token 배열의 데이터 중 count에 해당하는 데이터를 "`" 을 기준으로 분리하여 getData 배열에 대입하는 것을 의미합니다.

➡ 194 : getData[2]의 값이 "SW01" 또는 "SW02" 또는 "SW03"인 경우의 조건을 의미합니다.

➡ 195 : getData[3]의 값이 "NONE"가 아닌 경우의 조건을 의미합니다.

➡ 196 : 사용자 정의 함수 Displayimg()에 설정 값 getData[1], getData[2], getData[3]의 값을 넣어서 호출하는 것을 의미합니다.

➡ 197 : getData[2]의 값이 "Room1" 또는 "Room2"인 경우의 조건을 의미합니다.

➡ 198 : getData[3]의 값이 "NONE"가 아닌 경우의 조건을 의미합니다.

➡ 199 : 사용자 정의 함수 Displayimg()에 설정 값 getData[1], getData[2], getData[3]의 값을 넣어서 호출하는 것을 의미합니다.

➡ 200 : getData[2]의 값이 "Blind1"인 경우의 조건을 의미합니다.

➡ 201 : getData[3]의 값이 "NONE"가 아닌 경우의 조건을 의미합니다.

➡ 202 : 사용자 정의 함수 Displayimg()에 설정 값 getData[1], getData[2], getData[3]의 값을 넣어서 호출하는 것을 의미합니다.

➡ 203 : getData[2]의 값이 "DI3" 또는 "DI4"인 경우의 조건을 의미합니다.

➡ 204 : getData[3]의 값이 "NONE"가 아닌 경우의 조건을 의미합니다.

➡ 205 : 사용자 정의 함수 Displayimg()에 설정 값 getData[1], getData[2], getData[3]의 값을 넣어서 호출하는 것을 의미합니다.

➡ 206 : XSock Active-X를 통해 홈 서버로부터 받은 데이터를 처리하는 JavaScript 부분의 끝을 의미합니다

제16장 Mobile 제어

6-1 WAP과 PHP 기초

* 학습목표
- 모바일 제어 프로그래밍 작업에 사용되는 WML의 문법과 사용법을 익힌다.
- 모바일 제어 프로그래밍 작업에 사용되는 PHP의 문법과 사용법을 익힌다.

6-1-1. WML 이란

WML은 이동 단말기에서 사용할 목적으로 개발한 마크업(markup) 언어로 WAP 프로토콜에 따른 무선 인터넷의 제약된 환경에 최적화된 XML 기반의 언어이다.

작은 화면과 제한된 메모리 및 CPU, 좁은 대역폭(bandwidth)을 가진 PDA(personal digital assistant) 등의 무선 이동단말기의 무선 이동통신을 위해 개발된 WML은 HTML과 마찬가지로 태그를 기반으로 하며 텍스트·이미지·데이터 등을 입력할 수 있다.

본 문서는 WAP spec 1.1으로 기준으로 작성하며 WML이 무엇을 할 수 있는가의 주요 기능은 다음의 네 가지이다.

① 텍스트와 이미지의 출력 : WML은 텍스트와 이미지를 기본적으로 지원하고, 여러 가지 필체와 레이아웃을 할 수 있다. 멀티미디어의 표준을 제정하려고 하는 움직임이 있으나, 현재로서는 음성 및 동영상을 지원하지 않는다.

② Deck/Card의 구성 : WML에 있는 모든 정보는 Deck과 Card의 집합으로 이루어져 있다.
- Card는 사용자와 단말기 사이에서 이루어지는 하나, 또는 몇 개의 대화이다.
  예를 들어, 메뉴에서 선택을 하거나, 텍스트를 입력하는 것을 하나의 Card로 볼 수 있다. 기본적으로 사용자는 일련의 Card들 사이에서 움직임으로써, 자신이 원하는 정보를 취하거나, 제공하게 된다.
- Card들이 모여 Deck을 이루게 된다. Deck은 마치 하나의 HTML페이지와 같다.

③ Card간의 이동과 Linking : WML은 Card와 Deck사이를 이동하는 것을 관리할 수 있게 한다. 그리고, 단말기에서 발생하는 각 이벤트를 다룰 수 있다. 또한, HTML4와 유사하게 Deck안에 들어 있는 특정한 Card로 직접 연결하는 기능을 지원한다.

④ 데이터 채널과 음성채널의 공존 : WML은 WML서비스에서 직접 음성통화를 가능하도록 하는 응용 인터페이스를 규정하였다. 이러한 음성통화기능을 이용함으로써, 사용자는 데이터채널과 음성채널을 오갈 수 있다. 이러한 인터페이스를 WTAI

(Wireless Telephony Application Interface)라고 한다.

2) WML 기초

WML 문법적 형태는 다른 Mark-up 언어와 마찬가지로 HTML 문서와 유사하며 일반적으로 하나의 Deck에 한 개 이상의 Card로 이루어진다.

기본 형태는 아래와 같으며 문서의 확장자 형태는 *.wml 형태로 저장된다.

```
<wml>
   <card>
      <p>
         표현 하고자 하는 내용
      </p>
   </card>
</wml>
```

WML은 아래와 같은 특징을 가지고 있다.

① XML 문서의 문자셋을 이용한다.(ISO/IEC-10646 (Unicode 2.0), US-ASCII, ISO-8859-1, or UTF-8)

② 일반 HTML 문서와는 다르게 대소문자를 구분한다.

③ 단어와 단어 사이에 입력한 공백 문자에 대하여 특별한 표시를 하지 않는 이상 모두 하나의 공백 문자로 처리한다.

④ 모든 WML 문서는 아래 내용으로 반드시 시작해야 한다.

```
<?XML version="1.0"?>
<!DOCTYPE wml PUBLIC "-//WAPFORUM//DTD WML 1.1//EN"   http://www.wapforum.org/DTD/wml_1.1.xml>
```

⑤ UNIX의 shell 변수와 비슷한 구조를 가지고 있으며, 변수를 통해서 문자, URL, 아이템 선택,디폴트 값등에 이용할 수 있다.

⑥ WML 문서 내에서 특수 문자를 표시하려면 아래 표와 같이 사용해야 한다.

특수문자	표시방법
<	< (less than)
>	> (greater than)
'	' (apostrophe)
"	" (quote)

&	& (ampersand)
$	$$ (dollar sign)
Non-breaking space	
soft hyphen	

6-1-2. WML 기본 태그 사용 예제 1

1) 태그 설명

- <?xml version="1.0" encoding="KS_C_5601-1987"?>
  - xml 파생 문서라는 것을 선언하는 부분으로 encoding 부분은 한글을 표시하기 위해 "KS_C_5601-1987" 문자 셋을 사용함.
- <!DOCTYPE wml PUBLIC "-//WAPFORUM//DTD WML 1.1//EN" "http://www.wapforum.org/DTD/wml_1.1.xml">
  - 문서형태 정의(DTD)가 어디에 있는지 표시하는 부분. 이 경우 DTD는 WML 1.1 스펙이며 위치는 wapforum 웹 사이트에서 찾을 수 있음.
- <wml></wml> - wml 문서의 시작과 끝을 의미한다. 데크의 시작과 끝을 의미한다.
- <card></card> - wml 문서내의 카드의 시작과 끝을 의미한다.
- <p></p> - 한 블록의 시작과 끝을 의미한다. 이 사이에 Display 하려는 내용을 기술한다.

```
<?xml version="1.0" encoding="KS_C_5601-1987"?>

<!DOCTYPE wml PUBLIC "-//WAPFORUM//DTD WML 1.1//EN"
"http://www.wapforum.org/DTD/wml_1.1.xml">

<wml>
    <card>
        <p>
            원하는 내용을 넣으세요
        </p>
    </card>
</wml>
```

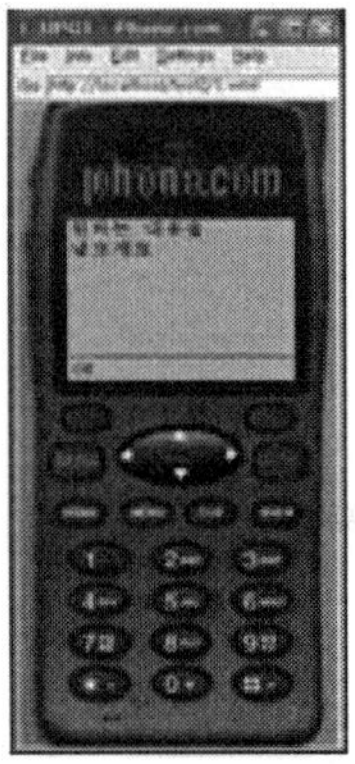

6-1-3. WML 기본 태그 사용 예제 2

1) 추가 태그 설명

- <meta http-equiv="Cache-Control" content="max-age=no-cache" forua="true"/>
  - wml 문서를 단말기에서 로드해 표시할 때 단말기 캐쉬 정보를 읽어 오는 것이 아니라 Load 할 때마다 서버로부터 새로운 정보를 읽어 오도록 하는 메타태그를 의미합니다.
- <do type = "accept" label="1번페이지">
  - <go href> 문과 함 께 쓰이며 HTML의 Button 같은 기능을 하는 것으로 accept 버튼의 이름을 "1번페이지"라고 표시하고 선택했을 경우 <do type></do> 사이의 위치한 <go…> 문장을 실행하는 의미입니다.
- <go href= "./1.wml"/>
  - accept 버튼이 선택 되었을 경우 "./1.wml" 문서로 이동하라는 의미입니다.
-
  - 일반 HTML 문서의
과 같은 기능을 하는 태그로 줄 바꾸기 기능을 하는 태그입니다.

```
<?xml version="1.0" encoding="KS_C_5601-1987"?>
<!DOCTYPE wml PUBLIC "-//WAPFORUM//DTD WML 1.1//EN"
"http://www.wapforum.org/DTD/wml_1.1.xml">

<wml>
<head>
```

```
<meta http-equiv="Cache-Control" content="max-age=no-cache" forua="true"/>
</head>
  <card id="card1">
    <do type = "accept" label="1번페이지">
       <go href= "./1.wml"/>
    </do>
    <p align="center">
       Sample 1 페이지로 가기<br/>
    </p>
  </card>
</wml>
```

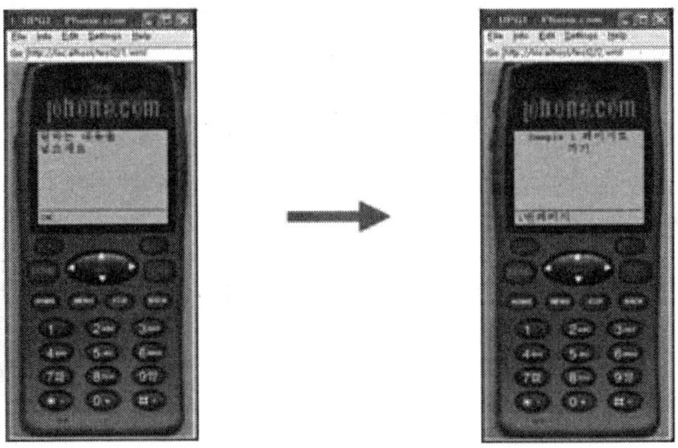

6-1-4. PHP 란

PHP (당시는 Personal Home Page의 약자)는 처음 Rasmus Lerdorf가 고안했다. PHP는 원래 간단한 몇 가지 Perl 스크립트로 만들어진 것이었는데 Rasmus Lerdorf는 이것으로 홈페이지에 오는 사용자의 자취를 추적하는 데 사용했다.

그러다가 이것이 스크립트 엔진으로 발전했고 여기에 각종 폼 기능이 추가돼 PHP/FI가 됐다. PHP가 점점 인기를 얻어감에 따라 개발자들이 여기서 사용할 API를 만들었고 이렇게 해서 PHP3가 탄생했다.

현재는 PHP3에서 몇 가지 기능이 더 개선되고 스크립트 해석기가 완전히 새로 제작돼 훨씬 빨라진 PHP4(Zend)가 나왔다. 그리고 현재의 PHP는 일반적으로 PHP Hypertext Processor를 의미한다.

이러한 PHP는 다른 서버사이드 스크립트에 비해 아래와 같은 장점이 있다.

① PHP는 거의 모든 운영체제에서 사용이 가능하다.

리눅스, 유닉스, 매킨토시, 솔라리스 등 거의 모든 플랫폼에서 사용 가능하다.

② PHP는 '무료'다.

PHP란 언어는 초기 한 개인에 의해서 만들어 졌으며 자유 소프트웨어의 철학인 오픈소스 및 GNU 정신을 따르고 있어 사용상에 어떤 비용도 발생하지 않는다.

③ 속도가 빠르다.

PHP는 해석엔진이 아파치 서버에 탑재되어 작동하기 때문에 그만큼 서버에 부하를 줄일 수 있어 일반 CGI에 비해 속도가 빠르다.

④ 사용 가능한 함수가 많다.

지원되는 함수가 많아 프로그래밍 작업에 효율성이 높다.

⑤ 많은 데이터베이스를 지원한다.

MySQL, MSSQL, Oracle 등 많은 종류의 데이터베이스를 지원한다.

6-1-5. PHP의 기본

1) 추가되는 태그 설명

- <?></?> - PHP의 시작과 끝을 나타내는 태그.
- Echo ("") - 문자열 출력을 나타내는 태그
- - 다른 언어들은 개행문자(리턴)를 행의 끝으로 인식하지만 PHP는 ; 으로 끝을 인식합니다.
- // - 줄 단위의 주석문 사용시 쓰이는 태그

```
<?
 header("Content-type: text/vnd.wap.wml;charset=KS_C_5601-1987");
 header("Pragma: no-cache");
 header("Cache-Control: no-cache, must-revalidate");
  echo("
```

```
            <wml>
             <head>
             <meta http-equiv=₩"Cache-Control₩" content=₩"max-age=no-cache₩"
              forua=₩"true₩"/>
             </head>
             <card id=₩"card1₩">
             <p align=₩"center₩">
                PHP란 무엇인가?<br/>
             </p>
             </card>
            </wml>
        "); // 문자열 테스트
?>
```

6-1-6. PHP 기본 태그 사용 예제 1

1) 추가되는 태그 설명

- $ - PHP에서는 변수 사용시 $를 붙여줌으로써 사용합니다.
  - PHP는 C언어와는 달리 변수에 대해 상당히 관대하여 변수를 미리 선언할 필요가 없으며 문자열, 숫자, 문자 등의 모든 변수를 섞어서 사용하여도 에러가 나지 않습니다.
  - 화면에 사용된 변수를 출력하여 Display 하기 위해서는 해당 부분에 변수를 넣어서 나타낼 수 있습니다.

■ 덧셈 연산자

- 숫자 변수들의 합을 구하는 연산자는 +를 사용하면 됩니다.

```
<?
  header("Content-type:text/vnd.wap.wml;charset=KS_C_5601-1987");
  header("Pragma: no-cache");
  header("Cache-Control: no-cache, must-revalidate");

  $char = 'a';
  $string = "문자열";
  $int = 10;

  $first = 5;
  $second = 3;
  $total = $first + $second;

  echo("
        <wml>
        <head>
        <meta http-equiv=₩"Cache-Control₩" content=₩"max-age=no-cache₩"
        forua=₩"true₩"/>
        </head>
        <card id=₩"card1₩">
          <p align=₩"center₩">
            문자표시 : $char <br/>
            문장표시 : $string <br/>
            숫자표시 : $int <br/>
            숫자 합계 : $first + $second = $total <br/>
          </p>
         </card>
         </wml>
       ");
?>
```

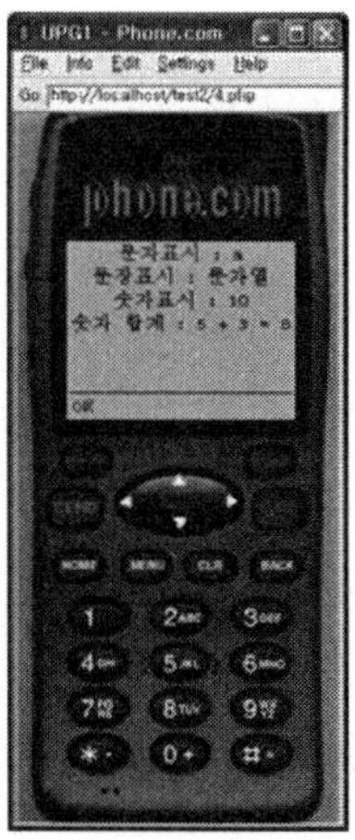

6-1-7. PHP 기본 태그 사용 예제 2

1) 추가되는 태그 설명

- $boolean - Boolean형으로 선언된 변수로 true, false의 값을 가진다.
- 연산자
  - 덧셈(+), 뺄셈(-), 곱셈(*), 나눗셈(/)에 사용되는 연산자 입니다.
- if 문
  - ()안의 조건 상황이 참인 경우 if 아래 내용을 거짓인 경우 else 아래 내용을 실행함.

```
<?
 header("Content-type: text/vnd.wap.wml; charset=KS_C_5601-1987");
 header("Pragma: no-cache");
 header("Cache-Control: no-cache, must-revalidate");

 $boolean = true ;

 $first = 9 ;
 $second = 3 ;

 $add = $first + $second ;
 $sub = $first - $second ;
 $mul = $first * $second ;
 $div = $first / $second ;
 echo("
        <wml><head>
        <meta http-equiv=₩"Cache-Control₩" content=₩"max-age=no-cache₩"
        forua=₩"true₩"/></head>
        <card id=₩"card1₩">
         <p align=₩"center₩">
     ");
if($boolean){
      echo(" 연산 수행 결과입니다. <br/>
             더하기 : $first + $second = $add <br/>
             빼  기 : $first - $second = $sub <br/>
             곱하기 : $first * $second = $mul <br/>
             나누기 : $first / $second = $div <br/>
           ");
}    else   {
      echo(" 연산을 수행할 수 없습니다.          ");    }
echo("
        </p>
        </card>
        </wml>
   ");
?>
```

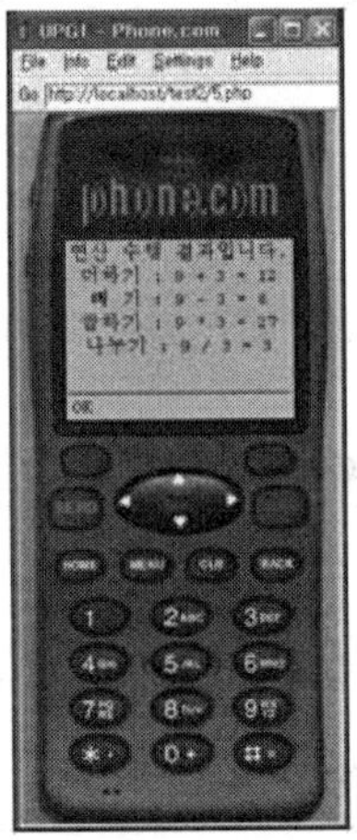

boolean의 변수가 참인 경우

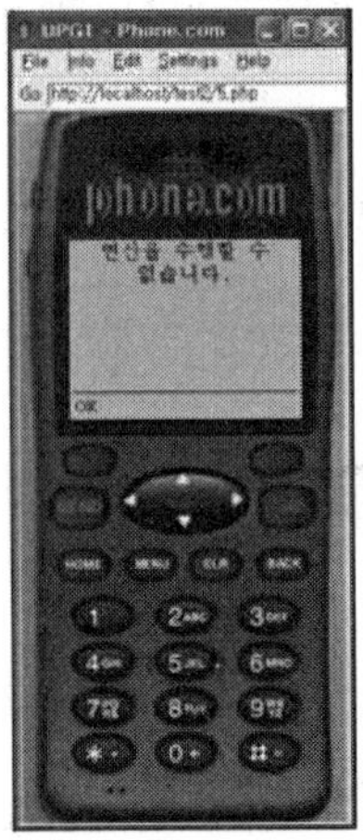

boolean의 변수가 거짓인 경우

6-2 Mobile Page 만들기

⁎ 학습목표

- 1번 항목에서 익히 WML 태그를 이용하여 조명 디바이스 PHP 문서를 작성해 본다.
- PHP의 내부 Socket 기능을 이용한 각 디바이스 Socket 통신 PHP 문서 작성해 본다.

6-2-1. 메인 Mobile Page 만들기 1

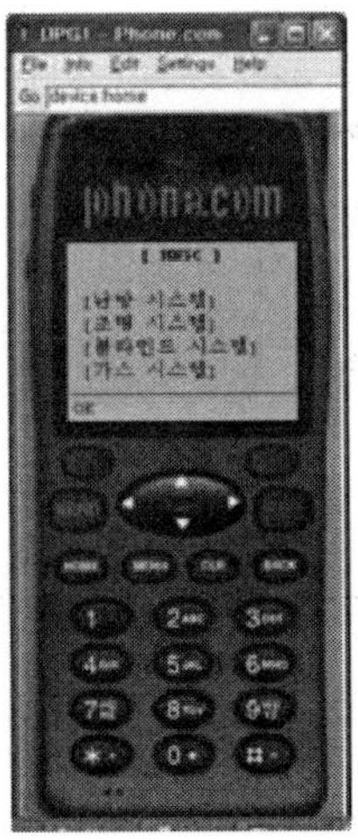

1) 소스 작성

① 아래와 같은 내용의 소스를 AcroEdit로 작성한다.

```
<?
 header("Content-type:text/vnd.wap.wml;charset=KS_C_5601-1987");
 header("Pragma: no-cache");
 header("Cache-Control: no-cache, must-revalidate");

 $hsip = "211.219.154.143" ;
 $hsport = "8165" ;

 echo("
          <wml><head>
          <meta http-equiv=₩"Cache-Control₩" content=₩"max-age=no-cache₩"
          forua=₩"true₩"/>
          </head><card>
```

```
  <p align=₩"center₩">
  <b>[ HNSC ] </b><br/>
  </p><p align=₩"left₩">
   <a href=₩"./heat_set.php₩">난방 시스템</a><br/>
   <a href=₩"./light_set.php₩">조명 시스템</a><br/>
   <a href=₩"./blind_set.php₩">블라인드 시스템</a> <br/>
   <a href=₩"./gas_set.php₩">가스 시스템</a><br/>
   <a href=₩"./indido_set.php?₩">내장 DIDO </a> <br/>
   <a href=₩"./indido_sample.php?₩">내장 DIDO Sample </a> <br/>
  </p>
 </card>
 </wml>
 ");
?>
```

② C: \APM_Setup \htdocs \test2 폴더에 main.php 이름으로 저장한다.

③ Mobile Browser로 http://localhost/test2/main.php 접속하여 아래와 같은 화면을 확인한다.

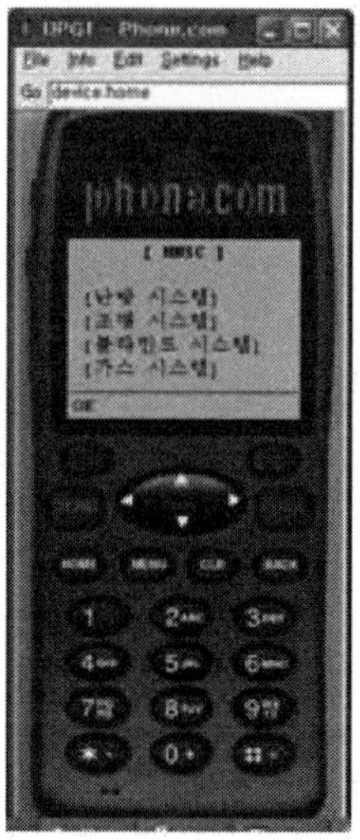

2) 소스해설

```
<?
header("Content-type:text/vnd.wap.wml;charset=KS_C_5601-1987");
header("Pragma: no-cache");
header("Cache-Control: no-cache, must-revalidate");
$hsip = "211.219.154.143" ;
$hsport = "8165" ;
echo("
          <wml> <head>
          <meta http-equiv=₩"Cache-Control₩" content=₩"max-age=no-cache₩"
          forua=₩"true₩"/>
          </head> <card>
 <p align=₩"center₩">
  <b> [ HNSC ] </b> <br/>
  </p> <p align=₩"left₩">
   <a href=₩"./heat_set.php₩">난방 시스템 </a> <br/>
   <a href=₩"./light_set.php₩">조명 시스템 </a> <br/>
   <a href=₩"./blind_set.php₩">블라인드 시스템 </a> <br/>
   <a href=₩"./gas_set.php₩">가스 시스템 </a> <br/>
```

```
18      <a href=₩"./indido_set.php?₩">내장 DIDO </a> <br/>
19     </p>
20    </card>
21    </wml>
22    ");
23   ?>
```

- ➡ 1 : PHP 문서의 시작을 의미합니다.
- ➡ 2 : 모바일 브라우져에 한글이 제대로 나타내게 하는 Head 값을 의미합니다.
- ➡ 3 : 모바일 브라우져의 페이지가 새로 열릴때 마다 이전의 Cache 값을 없애라는 것을 의미합니다.
- ➡ 4 : 모바일 브라우져의 페이지가 새로 열릴때 마다 이전의 Cache 값을 없애라는 것을 의미하는 또 다른 표현 방법으로 모바일 브라우져에 따라 3라인 또는 4라인의 내용이 적용되어 Cache를 없애줍 니다.
- ➡ 5 : 모바일 페이지들이 Socket 통신을 위해 접속할 홈 서버의 IP 주소를 대입해주는 부분입니다.
- ➡ 6 : 모바일 페이지들이 Socket 통신을 위해 접속할 홈 서버의 Port 정보를 대입해주는 부분입니다.
- ➡ 7 : PHP 문서에서 문자열 출력의 시작을 의미합니다.
- ➡ 8 : WML 문서의 시작을 의미합니다.
- ➡ 11 : 블록의 시작과 블록 내 내용의 가운데 정렬을 의미합니다.
- ➡ 12 : HNSC라는 글자를 강조하여 표시하고 다음 줄로 줄 바꾸라는 것을 의미합니다.
- ➡ 13 : 기존 블록의 끝과 새로운 블록의 시작의 의미하며 새로운 블록 내 내용의 왼쪽 정렬을 의미 합니다.
- ➡ 14 : 선택 시 같은 폴더내에 있는 heat_set.php 문서로 페이지 전환하는 것을 의미합니다.
- ➡ 15 : 선택 시 같은 폴더내에 있는 light_set.php 문서로 페이지 전환하는 것을 의미합니다.
- ➡ 16 : 선택 시 같은 폴더내에 있는 blind_set.php 문서로 페이지 전환하는 것을 의미합니다.
- ➡ 17 : 선택 시 같은 폴더내에 있는 gas_set.php 문서로 페이지 전환하는 것을 의미합니다.
- ➡ 18 : 선택 시 같은 폴더내에 있는 indido_set.php 문서로 페이지 전환하는 것을 의미합니다.
- ➡ 19 : 블록의 끝을 의미합니다.
- ➡ 20 : 카드의 의미합니다.
- ➡ 21 : WML 문서의 끝을 의미합니다.
- ➡ 22 : PHP 문서에서 문자열 출력의 끝을 의미합니다.

➡ 23 : PHP 문서의 끝을 의미합니다.

6-2-2. 난방 Mobile Page 만들기

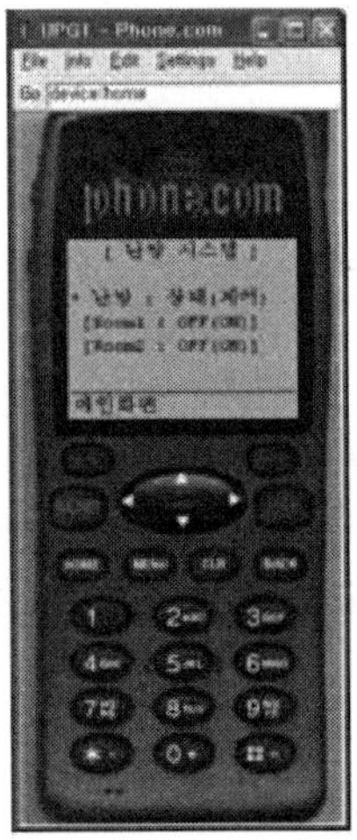

1) 소스작성-1

① 아래와 같은 내용의 소스를 AcroEdit로 작성한다.

```
<?
 header("Content-type:text/vnd.wap.wml;charset=KS_C_5601-1987");
 header("Pragma: no-cache");
 header("Cache-Control: no-cache, must-revalidate");

$hsip = "211.219.154.149" ;
$hsport = "8165" ;

$tconnect = "link`section_name=VM01₩n" ;
$tdisconnect = "end`0`0`0₩n" ;

$socket = socket_create (AF_INET, SOCK_STREAM, 0);
$result = socket_connect ($socket, $hsip, $hsport);
$sw = socket_write ($socket,$tconnect,strlen($tconnect));
sleep(2);

$out = socket_read($socket,1024,PHP_BINARY_READ) ;
$outarray = explode("!", $out);
$sw = socket_write ($socket,$tdisconnect,strlen($tdisconnect));
@socket_close ($socket);
```

```
if(!$out )
{
  echo("
          <wml><head>
          <meta http-equiv=₩"Cache-Control₩" content=₩"max-age=no-cache₩"
           forua=₩"true₩"/>
          </head>
          <card id=₩"card1₩">
          <do type = ₩"accept₩" label=₩"메인화면₩">
          <go href= ₩"main.php?₩"/>
          </do>
          <p align=₩"center₩">
            [ 난방 시스템 ]<br/>
          </p>
          <p align=₩"center₩">  수집된 데이타가 없습니다. <br/>
          </p>
          </card>
          </wml>
 ");
 }
else
{
 $recount = 0 ;
 while( $recount < 7 )
 {
    $heatarray = explode("`",$outarray[$recount]);
    if($heatarray[2] == "Room1")
    {
      $room1array = explode(",",$heatarray[3]);
      $predata1 = $heatarray[3] ;
      $ctemp1  = $room1array[2];
      $stemp1  = $room1array[3];
        if($ctemp1  > $stemp1)
        {
          $room1  = "OFF";
          $cmd1  = "ON";
        }
        else
       {
          $room1 = "ON";
          $cmd1 = "OFF";}
       }
    else if($heatarray[2] == "Room2")
    {
       $room2array = explode("`",$heatarray[3]);
       $predata2 = $heatarray[3] ;
       $ctemp2 = $room2array[2];
       $stemp2 = $room2array[3];
```

```
        if($ctemp2 > $stemp2)
        {
            $room2 = "OFF";
            $cmd2 = "ON";
        }
        else
        {
            $room2 = "ON";
            $cmd2 = "OFF";
         }
    }    $recount = $recount + 1 ;
}

echo("
        <wml><head>
        <meta http-equiv=₩"Cache-Control₩" content=₩"max-age=no-cache₩"
         forua=₩"true₩"/>
        </head>
        <card id=₩"card1₩">
        <do type = ₩"accept₩" label=₩"메인화면₩">
        <go href= ₩"main.php₩"/>
        </do>
        <p align=₩"center₩">
            [ 난방 시스템 ] <br/>
        </p>
        <p> * 난방 : 상태(제어) <br/>
        <a href=₩"heat_get.php?skey=1&amp;cmd=$cmd1&amp;data=$predata1₩">
            Room1 : $room1($cmd1)</a> <br/>
        <a href=₩"heat_get.php?skey=2&amp;cmd=$cmd2&amp;data=$predata2₩">
            Room2 : $room2($cmd2)</a> <br/>
        </p>
        </card>
        </wml>
   ");
 }
?>
```

② C: \APM_Setup \htdocs \test2 폴더에 heat_set.php이름으로 저장한다.

③ Mobile Browser로 http://localhost/test2/heat_set.php 접속하여 아래와 같은 화면을 확인한다.

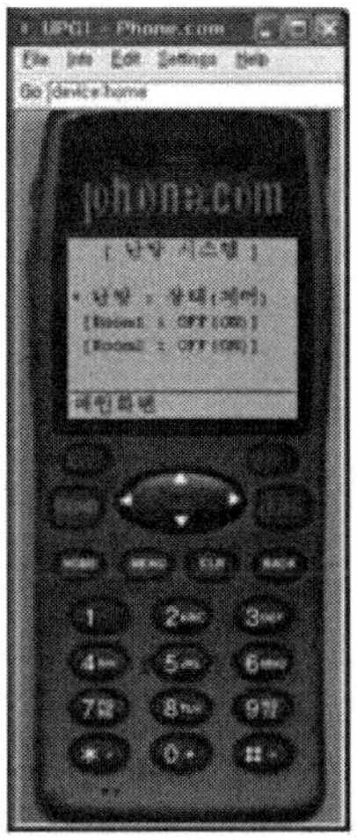

2) 소스 해설-1

```
1  <?
2   header("Content-type:text/vnd.wap.wml;charset=KS_C_5601-1987");
    header("Pragma: no-cache");
    header("Cache-Control: no-cache, must-revalidate");
3  $hsip = "211.219.154.149" ;
4  $hsport = "8165" ;
5  $tconnect = "link`section_name=VM01₩n" ;
6  $tdisconnect = "end`0`0`0₩n" ;
7  $socket = socket_create (AF_INET, SOCK_STREAM, 0);
8  $result = socket_connect ($socket, $hsip, $hsport);
9  $sw = socket_write ($socket,$tconnect,strlen($tconnect));
10 sleep(2);
11 $out = socket_read($socket,1024,PHP_BINARY_READ) ;
12 $outarray = explode("!", $out);
13 $sw = socket_write ($socket,$tdisconnect,strlen($tdisconnect));
14 @socket_close ($socket);
```

```
if(!$out )
{
  echo("
          <wml> <head>
          <meta http-equiv=₩"Cache-Control₩" content=₩"max-age=no-cache₩"
          forua=₩"true₩"/>
          </head>
          <card id=₩"card1₩">
          <do type = ₩"accept₩" label=₩"메인화면₩">
          <go href= ₩"main.php?₩"/>
          </do>
          <p align=₩"center₩">
           [ 난방 시스템 ]<br/>
          </p>
          <p align=₩"center₩">  수집된 데이타가 없습니다. <br/>
          </p>
          </card>
          </wml>
  ");
 }
else
{
 $recount = 0 ;
  while( $recount < 7 )
  {
     $heatarray = explode("`",$outarray[$recount]);
     if($heatarray[2] == "Room1")
     {
```

```
$room1array = explode(",",$heatarray[3]);
      $predata1 = $heatarray[3] ;
      $ctemp1 = $room1array[2];
      $stemp1 = $room1array[3];
       if($ctemp1 > $stemp1)
       {
         $room1 = "OFF";
         $cmd1 = "ON";
       }
       else
      {
        $room1 = "ON";
        $cmd1 = "OFF";}
      }
     else if($heatarray[2] == "Room2")
     {
       $room2array = explode("`",$heatarray[3]);
       $predata2 = $heatarray[3] ;
       $ctemp2 = $room2array[2];
       $stemp2 = $room2array[3];
        if($ctemp2 > $stemp2)
        {
           $room2 = "OFF";
           $cmd2 = "ON";
        }
        else
        {
           $room2 = "ON";
           $cmd2 = "OFF";
          }
     }   $recount = $recount + 1 ;
}
```

```
61 echo("
62         <wml> <head>
63         <meta http-equiv=₩"Cache-Control₩" content=₩"max-age=no-cache₩"
            forua=₩"true₩"/>
64         </head>
65         <card id=₩"card1₩">
66         <do type = ₩"accept₩" label=₩"메인화면₩">
67         <go href= ₩"main.php₩"/>
68         </do>
69         <p align=₩"center₩">
70            [ 난방 시스템 ]<br/>
71         </p>
72         <p> * 난방 : 상태(제어) <br/>
73         <a href=₩"heat_get.php?skey=1&amp;cmd=$cmd1&amp;data=$predata1₩">
              Room1 : $room1($cmd1)</a> <br/>
74         <a href=₩"heat_get.php?skey=2&amp;cmd=$cmd2&amp;data=$predata2₩">
              Room2 : $room2($cmd2)</a> <br/>
75         </p>
76         </card>
77         </wml>
78    ");
79  }
80 ?>
```

2) 소스해설-1

- ➡ 1 : PHP 문서의 시작을 의미합니다.
- ➡ 2 : 모바일 브라우저에 한글이 제대로 나타내게 하는 것과 페이지가 새로 열릴때 마다 이전의 Cache 값을 없애라는 Head 값을 의미합니다.
- ➡ 3 : 모바일 페이지들이 Socket 통신을 위해 접속할 홈 서버의 IP 주소를 대입해주는 부분입니다.
- ➡ 4 : 모바일 페이지들이 Socket 통신을 위해 접속할 홈 서버의 Port 정보를 대입해주는 부분입니다.

➡ 5 : tconnect 변수에 난방 디바이스 소켓 통신 초기 접속 메시지인 "link`section_name=VM01 ₩n"를 대입하라는 것을 의미합니다.

➡ 6 : tdisconnect 변수에 난방 디바이스 소켓 통신 끝 메시지인 "end`0`0`0 ₩n"를 대입하라는 것을 의미합니다.

➡ 7 : PHP 문서에서 지원하는 소켓 통신용 객체는 socket 변수에 할당하라는 것을 의미합니다.

➡ 8 : 생성된 socket 객체 변수와 홈 서버에 접속할 IP 정보를 가지고 있는 hsip 변수, 홈 서버에 접속할 포트 정보를 가지고 있는 hsport 변수를 socket_connect 함수에 대입하여 result 객체 변수에 대입하라는 것을 의미합니다.

➡ 9 : socket_write 함수에 socket 객체 변수와 홈 서버 초기 접속 메시지 변수인 tconnect를 대입하라는 것을 의미합니다.

➡ 10 : 메시지 전송 뒤 2초간 기다리는 것을 의미합니다.

➡ 11 : socket 객체를 통해 홈 서버로부터 들어오는 값들을 out 변수에 대입하라는 것을 의미합니다.

➡ 12 : outarray 배열 변수에 out 변수로 들어온 문자열 값들을 explode라는 함수를 사용하여 "!" 문자를 기준으로 분리하여 대입하는 것을 의미합니다. explode 함수의 사용법은 explode라는 함수에 분리의 기준으로 하는 문자와 분리 하려고 하는 문자열 값에 해당하는 내용을 적용하여 새로운 변수에 대입하면 됩니다.

➡ 13 : socket_write 함수에 socket 객체 변수와 홈 서버 접속 끊기 메시지 변수인 tdisconnect를 대입하라는 것을 의미합니다.

➡ 14 : 홈 서버와 연결된 socket 연결을 닫으라는 것을 의미합니다.

➡ 15 : 홈 서버로 부터 받는 데이터 변수인 out의 값이 없는 경우 if 문 아래 내용을 실행하고 값이 존재하면 else 문 아래 내용을 실행하는 것을 의미합니다.

➡ 16: 문자열 출력의 시작을 의미합니다.

➡ 17 : WML 문서의 시작을 의미합니다.

➡ 21 : 카드의 시작을 의미합니다.

➡ 22 : accept 버튼을 선택했을 경우 메인화면으로 가라는 것을 의미합니다.

➡ 23 : 이동할 메인 화면의 URL 주소가 main.php 라는 것을 의미합니다.

➡ 25 : 블록의 시작과 해당 블록의 가운데 정렬을 의미합니다.

➡ 26 : [난방 시스템] 표시하고 다음 줄로 줄 바꾸라는 것을 의미합니다.

➡ 27 : 블록의 끝을 의미합니다.

➡ 28 : 새로운 블록의 시작과 해당 블록의 내용은 가운데 정렬을 의미합니다. 해당 블록에는 "수집된 데이터가 없습니다."를 표시하고 다음 줄로 줄 바꾸라는 것을 의미합니다.

➡ 29 : 블록의 끝 의미합니다.

➡ 30 : card의 끝을 의미합니다.

➡ 31 : WML 문서의 끝을 의미합니다.

➡ 35 : recount 변수에 0 값을 대입하라는 것을 의미합니다.

➡ 36 : recount 변수에 값이 7보다 작은 동안 while 문 안의 내용을 실행하는 것을 의미합니다.

➡ 37 : heatarray 배열 변수에 outarray 배열의 recount에 해당하는 문자열 값을 explode라는 함수를 사용하여 "," 문자를 기준으로 분리하여 대입하는 것을 의미합니다.

➡ 38 : heatarray 배열의 두 번째 문자 값이 "Room1"과 같으면 if문 아래 내용을 실행하라는 것을 의미합니다.

➡ 39 : room1array 배열 변수에 heatarray 배열의 네번째 문자열 값을 "," 문자를 기준으로 분리하여 대입하는 것을 의미합니다.

➡ 40 : predata1 변수에 heatarray의 네번째 문자열 값을 대입하는 것을 의미합니다.

➡ 41 : ctemp1 변수에 room1array의 세번째 문자열 값을 대입하는 것을 의미합니다.

➡ 42 : stemp1 변수에 room1array의 네번째 문자열 값을 대입하는 것을 의미합니다.

➡ 43 : ctemp1의 값이 stemp1의 값보다 튼 경우 if문 아래 내용을 실행하고 그렇지 않은 경우 else 아래 내용을 실행하는 것을 의미합니다.

➡ 44 : room1 변수에 "OFF" 값을 대입하는 것을 의미합니다.

➡ 45 : cmd1 변수에 "ON" 값을 대입하는 것을 의미합니다.

➡ 47 : room1 변수에 "ON" 값을 대입하는 것을 의미합니다.

➡ 48 : cmd1 변수에 "OFF" 값을 대입하는 것을 의미합니다.

➡ 49 : heatarray 배열의 두번째 문자 값이 "Room2"과 같으면 else if문 아래 내용을 실행하라는 것을 의미합니다.

➡ 50 : room2array 배열 변수에 heatarray 배열의 네번째 문자열 값을 "," 문자를 기준으로 분리하여 대입하는 것을 의미합니다.

➡ 51 : predata2 변수에 heatarray의 네번째 문자열 값을 대입하는 것을 의미합니다.

➡ 52 : ctemp2 변수에 room1array의 세번째 문자열 값을 대입하는 것을 의미합니다.

➡ 53 : stemp2 변수에 room1array의 네번째 문자열 값을 대입하는 것을 의미합니다.

➡ 54 : ctemp2의 값이 stemp1의 값보다 튼 경우 if문 아래 내용을 실행하고 그렇지 않은 경우 else 아래 내용을 실행하는 것을 의미합니다.

➡ 55 : room2 변수에 "OFF" 값을 대입하는 것을 의미합니다.

➡ 56 : cmd2 변수에 "ON" 값을 대입하는 것을 의미합니다.

➡ 58 : room2 변수에 "ON" 값을 대입하는 것을 의미합니다.

➡ 59 : cmd2 변수에 "OFF" 값을 대입하는 것을 의미합니다.

➡ 60 : recount 변수의 값에 1을 더하여 다시 recount 변수에 대입하는 것을 의미합니다.

➡ 61: 문자열 출력의 시작을 의미합니다.

➡ 62 : WML 문서의 시작을 의미합니다.

➡ 65 : 카드의 시작을 의미합니다.

➡ 66 : accept 버튼을 선택했을 경우 메인화면으로 가라는 것을 의미합니다.

➡ 67 : 이동할 메인 화면의 URL 주소가 main.php 라는 것을 의미합니다.

➡ 69 : 블록의 시작과 해당 블록의 가운데 정렬을 의미합니다.

➡ 70 : [난방 시스템] 표시하고 다음 줄로 줄 바꾸라는 것을 의미합니다.

➡ 71 : 블록의 끝을 의미합니다.

➡ 72 : 새로운 블록의 시작과 해당 블록의 내용은 가운데 정렬을 의미합니다. 해당 블록에는 "* 난방 : 상태(제어)"를 표시하고 다음 줄로 줄 바꾸라는 것을 의미합니다.

➡ 73 : 선택 시 같은 폴더내에 있는 heat_get.php 문서로 skey와 cmd, data 변수에 해당 값을 넣어서 페이지 전환하는 것을 의미합니다. 내용의 표시는 "Room1 : room1 변수값(cmd1 변수

값) "로 표시됩니다.
➡ 74 : 선택 시 같은 폴더내에 있는 heat_get.php 문서로 skey와 cmd, data 변수에 해당 값을 넣어서 페이지 전환하는 것을 의미합니다. 내용의 표시는 "Room2 : room2 변수값(cmd2 변수값) "로 표시됩니다.
➡ 75 : 블록의 끝 의미합니다.
➡ 76 : card의 끝을 의미합니다.
➡ 77 : WML 문서의 끝을 의미합니다
➡ 78 : 문자열 출력의 끝을 의미합니다.
➡ 80 : PHP 문서의 끝을 의미합니다.

3) 소스작성-2

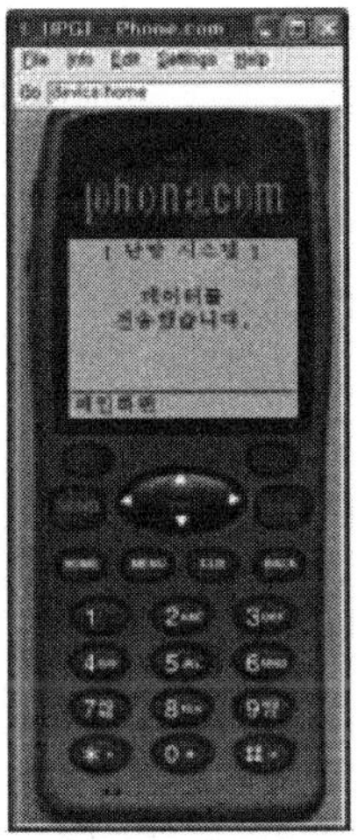

① 아래와 같은 내용의 소스를 AcroEdit로 작성한다.

```
<?
header("Content-type:text/vnd.wap.wml;charset=KS_C_5601-1987");
header("Pragma: no-cache");
header("Cache-Control: no-cache, must-revalidate");

$hsip = "211.219.154.149" ;
$hsport = "8165" ;
$tconnect = "link`section_name=VM01₩n" ;
$tdisconnect = "end`0`0`0₩n" ;
```

```
switch($skey)
{
    case "1" :
        $sname = 'Room1';
        break;
    case "2" :
        $sname = 'Room2';
        break;
}

$dataarray = explode(",",$data);
if($cmd == "ON")  {
```

```
  $dataarray[3] = $dataarray[2] + 3 ;
  $msg = "ON";
}
else
{
  $dataarray[3] = $dataarray[2] - 3 ;
  $msg = "OFF";
}
$svalue = $dataarray[0] ;
$recount = 1 ;
 while( $recount < 22 )
 {
   $svalue = $svalue.",".$dataarray[$recount] ;
   $recount = $recount + 1 ;
  }

$setcommand = "set`VM01`".$sname."`".$svalue."₩n" ;

$socket = socket_create (AF_INET, SOCK_STREAM, 0);
$result = socket_connect ($socket, "211.219.154.143", "8165");
$sw = socket_write ($socket,$tconnect,strlen($tconnect));
sleep(1);
$sw = socket_write ($socket,$setcommand,strlen($setcommand));
sleep(1);
$out = socket_read($socket,1024,PHP_BINARY_READ) ;
$outarray = explode("!", $out);
$sw = socket_write ($socket,$tdisconnect,strlen($tdisconnect));
@socket_close ($socket);

 echo("
       <wml><head>
       <meta http-equiv=₩"Cache-Control₩" content=₩"max-age=no-cache₩"
       forua=₩"true₩"/>
       </head>
       <card id=₩"card1₩">
          <do type = ₩"accept₩" label=₩"메인화면₩">
          <go href= ₩"main.php?₩"/>
          </do>
```

```
        <p align=₩"center₩">
          [ 난방 시스템 ]<br/>
        </p>
        <p align=₩"center₩">
            $sname에 $msg 데이터를 전송했습니다. <br/>
        </p>
        </card></wml>
  ");
?>
```

② C: \APM_Setup \htdocs \test2 폴더에 heat_get.php이름으로 저장한다.

③ Mobile Browser로 http://localhost/test2/heat_get.php 접속하여 아래와 같은 화면을 확인한다.

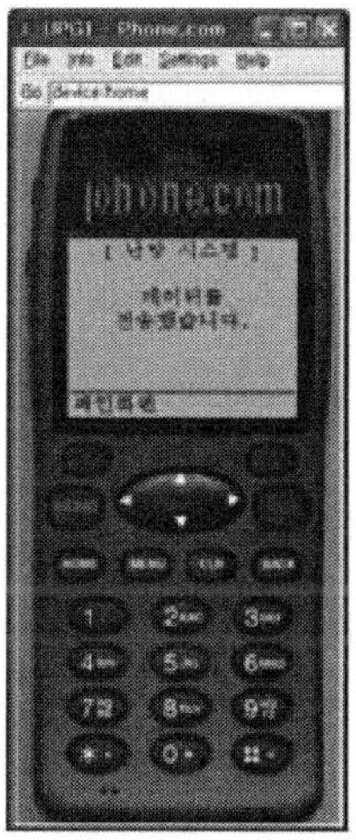

4) 소스 해설-2

```
1  <?

2  header("Content-type:text/vnd.wap.wml;charset=KS_C_5601-1987");
   header("Pragma: no-cache");
   header("Cache-Control: no-cache, must-revalidate");

3  $hsip = "211.219.154.149" ;

4  $hsport = "8165" ;

5  $tconnect = "link`section_name=VM01₩n" ;

6  $tdisconnect = "end`0`0`0₩n" ;
```

```
switch($skey)
{
    case "1" :

    $sname = 'Room1';
    break;

    case "2" :

    $sname = 'Room2';
    break;
}
```

```
$dataarray = explode(",",$data);

if($cmd == "ON") {

  $dataarray[3] = $dataarray[2] + 3 ;

  $msg = "ON";
}

else
{

 $dataarray[3] = $dataarray[2] - 3 ;

 $msg = "OFF";
}

$svalue = $dataarray[0] ;

$recount = 1 ;

 while( $recount < 22 )
 {
   $svalue = $svalue.",".$dataarray[$recount] ;

   $recount = $recount + 1 ;
  }

$setcommand = "set`VM01`".$sname."`".$svalue."₩n" ;

$socket = socket_create (AF_INET, SOCK_STREAM, 0);

$result = socket_connect ($socket, , $hsip, $hsport);

$sw = socket_write ($socket,$tconnect,strlen($tconnect));

sleep(1);

$sw = socket_write ($socket,$setcommand,strlen($setcommand));

sleep(1);
```

```
  $out = socket_read($socket,1024,PHP_BINARY_READ) ;
  $outarray = explode("!", $out);
  $sw = socket_write ($socket,$tdisconnect,strlen($tdisconnect));
  @socket_close ($socket);
 echo("
```

```
        <wml><head>
        <meta http-equiv=₩"Cache-Control₩" content=₩"max-age=no-cache₩"
        forua=₩"true₩"/>
        </head>
        <card id=₩"card1₩">
           <do type = ₩"accept₩" label=₩"메인화면₩">
           <go href= ₩"main.php?₩"/>
           </do>
           <p align=₩"center₩">
             [ 난방 시스템 ]<br/>
           </p>
           <p align=₩"center₩">
               $sname에 $msg 데이터를 전송했습니다. <br/>
           </p>
           </card></wml>
  ");
?>
```

➡ 1 : PHP 문서의 시작을 의미합니다.

➡ 2 : 모바일 브라우져에 한글이 제대로 나타내게 하는 것과 페이지가 새로 열릴때 마다 이전의 Cache 값을 없애라는 Head 값을 의미합니다.

➡ 3 : 모바일 페이지들이 Socket 통신을 위해 접속할 홈 서버의 IP 주소를 대입해주는 부분입니다.

➡ 4 : 모바일 페이지들이 Socket 통신을 위해 접속할 홈 서버의 Port 정보를 대입해주는 부분입니다.

➡ 5 : tconnect 변수에 난방 디바이스 소켓 통신 초기 접속 메시지인 "link`section_name=VM01 ₩n"를 대입하라는 것을 의미합니다.

➡ 6 : tdisconnect 변수에 난방 디바이스 소켓 통신 끝 메시지인 "end`0`0`0 ₩n"를 대입하라는 것을 의미합니다.

➡ 7 : 변수 skey의 값에 따라 해당 Case 문 아래 내용을 실행하는 것을 의미합니다.

➡ 8 : 변수 skey의 값이 1인 경우를 의미합니다.

➡ 9 : 변수 sname에 문자열 "Room1"을 대입하는 것을 의미합니다.

➡ 10 : 변수 skey의 값이 2인 경우를 의미합니다.

➡ 11 : 변수 sname에 문자열 "Room2"을 대입하는 것을 의미합니다.

➡ 12 : dataarray 배열 변수에 data 변수로 들어온 문자열 값들을 explode라는 함수를 사용하여 "," 문자를 기준으로 분리하여 대입하는 것을 의미합니다.

➡ 13 : cmd 변수의 값이 ON과 같다면 if문 이하를 실행하라는 것을 의미합니다.

➡ 14 : dataarray 배열 변수의 네 번째 값에 dataarray 배열의 세 번째 값에 3을 더한 값을 대입하라는 것을 의미 합니다.

➡ 15 : msg 변수에 "ON" 값을 대입하는 것을 의미합니다.

➡ 17 : dataarray 배열 변수의 네 번째 값에 dataarray 배열의 세 번째 값에 3을 뺀 값을 대입하라는 것을 의미합니다.

➡ 18 : msg 변수에 "OFF" 값을 대입하는 것을 의미합니다.

➡ 19 : svalue 변수에 dataarray 배열 변수의 첫 번째 값을 대입하는 것을 의미합니다.

➡ 20 : recount 변수에 숫자 1을 대입하는 것을 의미합니다.

➡ 21 : recount의 값이 22보다 작은 동안 while 문을 실행하라는 것을 의미합니다.

➡ 22 : 기존 svalue 변수에 문자 ","과 dataarray 배열의 recount에 해당 하는 값의 문자열을 합하여 다시 svalue 변수에 대입하는 것을 의미합니다.

➡ 23 : recount 변수 값에 1을 더하여 다시 recount 변수에 대입하는 것을 의미합니다.

➡ 24 : setcommand 문자열 변수에 제어 명령어를 대입하는 것을 의미합니다.

➡ 25 : PHP 문서에서 지원하는 소켓 통신용 객체는 socket 변수에 할당하라는 것을 의미합니다.

➡ 26 : 생성된 socket 객체 변수와 홈 서버에 접속할 IP 정보를 가지고 있는 hsip 변수, 홈 서버에 접속할 포트 정보를 가지고 있는 hsport 변수를 socket_connect 함수에 대입하여 result 객체 변수에 대입하라는 것을 의미합니다.

➡ 27 : socket_write 함수에 socket 객체 변수와 홈 서버 초기 접속 메시지 변수인 tconnect를 대입하라는 것을 의미합니다.

➡ 28 : 메시지 전송 뒤 1초간 기다리는 것을 의미합니다.
➡ 29 : socket_write 함수에 socket 객체 변수와 난방 제어 메시지 변수인 setcommand를 대입하라는 것을 의미합니다.
➡ 30 : 메시지 전송 뒤 1초간 기다리는 것을 의미합니다.
➡ 31 : socket 객체를 통해 홈 서버로부터 들어오는 값들을 out 변수에 대입하라는 것을 의미합니다.
➡ 32 : outarray 배열 변수에 out 변수로 들어온 문자열 값들을 explode라는 함수를 사용하여 "!" 문자를 기준으로 분리하여 대입하는 것을 의미합니다.
➡ 33 : socket_write 함수에 socket 객체 변수와 홈 서버 접속 끊기 메시지 변수인 tdisconnect를 대입하라는 것을 의미합니다.
➡ 34 : 홈 서버와 연결된 socket 연결을 닫으라는 것을 의미합니다.
➡ 35 : 문자열 출력의 시작을 의미합니다.
➡ 36 : WML 문서의 시작을 의미합니다.
➡ 39 : 카드의 시작을 의미합니다.
➡ 40 : accept 버튼을 선택했을 경우 메인화면으로 가라는 것을 의미합니다.
➡ 41 : 이동할 메인 화면의 URL 주소가 main.php 라는 것을 의미합니다.
➡ 43 : 블록의 시작과 해당 블록의 가운데 정렬을 의미합니다.
➡ 44 : [난방 시스템] 표시하고 다음 줄로 줄 바꾸라는 것을 의미합니다.
➡ 45 : 블록의 끝을 의미합니다.
➡ 46 : 새로운 블록의 시작과 해당 블록의 내용은 가운데 정렬을 의미합니다.
➡ 47 : 해당 블록에 sname 변수와 msg 변수가 합해진 문자열이 표시됩니다.
➡ 48 : 블록의 끝을 의미합니다.
➡ 49 : WML과 카드의 끝을 의미합니다.
➡ 50 : 문자열 출력의 끝을 의미합니다.
➡ 51 : PHP 문서의 끝을 의미합니다.

6-2-3. 조명 Mobile Page 만들기

1) 소스 작성-1

① 아래와 같은 내용의 소스를 AcroEdit로 작성한다.

```
<?

/*******************************************************
 Ver1.1.wap 2006/10/10
 C) Copyright iBest Corp. 2006 - All Rights Reserved
 Create by Yang Yong Hee
 light set page
*******************************************************/

header("Content-type:text/vnd.wap.wml;charset=KS_C_5601-1987");
header("Pragma: no-cache");
header("Cache-Control: no-cache, must-revalidate");

$cmdreq1 = "set`DLight`SW01`REQ₩n" ;
$cmdreq2 = "set`DLight`SW02`REQ₩n" ;
$cmdreq3 = "set`DLight`SW03`REQ₩n" ;

$tconnect = "link`section_name=DLight₩n" ;
$tdisconnect = "end`0`0`0₩n" ;

//소켓을 단지 서버에 연결하고 해당 SolyGate에 메시지를 보내고 Response를 받은다음 Socket 연결을 끊음
 $socket = socket_create (AF_INET, SOCK_STREAM, 0);
 $result = socket_connect ($socket, "211.219.154.143", "8165");
 $sw = socket_write ($socket,$tconnect,strlen($tconnect));
 sleep(2);
 $sw = socket_write ($socket,$cmdreq1,strlen($cmdreq1));
 sleep(1);
 $sw = socket_write ($socket,$cmdreq2,strlen($cmdreq2));
 sleep(1);
 $sw = socket_write ($socket,$cmdreq3,strlen($cmdreq3));
 sleep(2);

$out = socket_read($socket,1024,PHP_BINARY_READ) ;
$outarray = explode("!", $out);
$sw = socket_write ($socket,$tdisconnect,strlen($tdisconnect));
@socket_close ($socket);


if(!$out )
                    {
   echo("
     <wml>
<head>
<meta http-equiv=₩"Cache-Control₩" content=₩"max-age=no-cache₩" forua=₩"true₩"/>
</head>
<card id=₩"card1₩">
<do type = ₩"accept₩" label=₩"메인화면₩">
<go href= ₩"main.php?₩"/>
</do>
<p align=₩"center₩">
[ 조명 시스템 ]<br/>
</p>
```

```
<p align=₩"center₩">
 수집된 데이타가 없습니다. <br/>
 </p>
</card>
</wml>
                    ");
}
else
{
                 $swcount = 0 ;
                 while( $swcount < 3 )
                 {
         $swarray = explode("`",$outarray[$swcount+1]);
         $swvalue[$swcount] = $swarray[3] ;
         $swcount = $swcount + 1;
                 }
   echo("
     <wml>
    <head>
    <meta http-equiv=₩"Cache-Control₩" content=₩"max-age=no-cache₩" forua=₩"true₩"/>
    </head>
    <card id=₩"card1₩">
  <do type = ₩"accept₩" label=₩"메인화면₩">
  <go href= ₩"main.php₩"/>
  </do>
   <p align=₩"center₩">
  [ 조명 시스템 ]<br/>
  </p>
  <p align=₩"left₩">
  * SW No : 상태(제어) <br/>
       ");
     $swcount = 0 ;
     $swcount2 = 1;
     while( $swcount < 3 )
     {
                    if( $swvalue[$swcount] == "10"){
                      $cmd = "OFF" ;
                      $status = "ON" ;
                    }else{
                      $cmd = "ON" ;
                      $status = "OFF" ;
                    }
         echo("
                <a href=₩"light_get.php?key=$swcount2&amp;cmd=$cmd₩">SW $swcount2 :
$status($cmd)</a> <br/>
         ");
         $swcount = $swcount + 1 ;
         $swcount2 = $swcount2 + 1 ;
     }
     echo("
  </p>
 </card>
 </wml>
                    ");
}
 ?>
```

② C: \APM_Setup \htdocs \test2 폴더에 light_set.php이름으로 저장한다.

③ Mobile Browser로 http://localhost/test2/light_set.php 접속하여 화면을 확인한다.

2) 소스 해설-1

작성한 프로그램과 다른 결과가 주어진다면 소스파일을 기준으로 과정 6-2-1,2과 같이 각각의 명령함수에 대한 이해와 분석을 하도록 한다.

3) 소스 작성-2

① 아래와 같은 내용의 소스를 AcroEdit로 작성한다.

```
<?

/*********************************************************
 Ver1.1.wap 2006/10/10
 C) Copyright iBest Corp. 2006 - All Rights Reserved
 Create by Yang Yong Hee
 light get page
*********************************************************/

 header("Content-type:text/vnd.wap.wml;charset=KS_C_5601-1987");
 header("Pragma: no-cache");
 header("Cache-Control: no-cache, must-revalidate");

 $connection = "link`section_name=DLight" ;
 $tconnect = $connection."₩n" ;

  switch($key)
  {
                case "1" :
                  $sname = 'SW01';
                  $cmdreq = "set`DLight`SW01`REQ₩n" ;
                break;
                case "2" :
                  $sname = 'SW02';
                  $cmdreq = "set`DLight`SW02`REQ₩n" ;
                break;
                case "3" :
                  $sname = 'SW03';
                  $cmdreq = "set`DLight`SW03`REQ₩n" ;
                break;
  }

  if( $cmd =="ON"){
    $svalue = "10" ;
    $msg = "ON";
   }else{
    $svalue = "0" ;
    $msg = "OFF";
  }
 $setcommand = "set`DLight`".$sname."`".$svalue."₩n" ;
 $tdisconnect = "end`0`0`0₩n" ;

 //소켓을 단지 서버에 연결하고 해당 SolyGate에 메시지를 보내고 Response를 받은다음 Socket 연결을
끊음
```

```
 $socket = socket_create (AF_INET, SOCK_STREAM, 0);
 $result = socket_connect ($socket, "211.219.154.143", "8165");
 $sw = socket_write ($socket,$tconnect,strlen($tconnect));
 sleep(1);
 $sw = socket_write ($socket,$setcommand,strlen($setcommand));
 sleep(1);
 $sw = socket_write ($socket,$cmdreq,strlen($cmdreq));
 sleep(1);
$out = socket_read($socket,1024,PHP_BINARY_READ) ;
```

```
$outarray = explode("!", $out);
$sw = socket_write ($socket,$tdisconnect,strlen($tdisconnect));
@socket_close ($socket);

  echo("
      <wml>
<head>
<meta http-equiv=₩"Cache-Control₩" content=₩"max-age=no-cache₩" forua=₩"true₩"/>
</head>
<card id=₩"card1₩">
                  <do type = ₩"accept₩" label=₩"메인화면₩">
                   <go href= ₩"main.php?₩"/>
                  </do>
                   <p align=₩"center₩">
                   [ 조명 시스템 ]<br/>
                   </p>
                   <p align=₩"center₩">
                    $sname 조명에 $msg 데이터를 전송했습니다.. <br/>
                   </p>
</card>
</wml>
  ");

 ?>
```

② C: \APM_Setup \htdocs \test2 폴더에 light_get.php이름으로 저장한다.

③ Mobile Browser로 http://localhost/test2/light_get.php 접속하여 화면을 확인한다.

4) 소스 해설-2

작성한 프로그램과 다른 결과가 주어진다면 소스파일을 기준으로 과정 6-2-1,2과 같이 각각의 명령함수에 대한 이해와 분석을 하도록 한다.

6-2-4. 블라인드 Mobile Page 만들기

1) 소스 작성-1

① 아래와 같은 내용의 소스를 AcroEdit로 작성한다.

```
<?

/*******************************************************
 Ver1.1.wap 2006/10/10
 C) Copyright iBest Corp. 2006 - All Rights Reserved
 Create by Yang Yong Hee
 blind set page
*******************************************************/

header("Content-type:text/vnd.wap.wml;charset=KS_C_5601-1987");
header("Pragma: no-cache");
header("Cache-Control: no-cache, must-revalidate");

$cmdreq = "set`Blind`Blind1`REQ₩n" ;

$tconnect = "link`section_name=Blind₩n" ;
$tdisconnect = "end`0`0`0₩n" ;

//소켓을 단지 서버에 연결하고 해당 SolyGate에 메시지를 보내고 Response를 받은다음 Socket 연결을
끊음
 $socket = socket_create (AF_INET, SOCK_STREAM, 0);
 $result = socket_connect ($socket, "211.219.154.143", "8165");
 $sw = socket_write ($socket,$tconnect,strlen($tconnect));
 sleep(2);
 $sw = socket_write ($socket,$cmdreq,strlen($cmdreq));
 sleep(3);

$out = socket_read($socket,1024,PHP_BINARY_READ) ;
$outarray = explode("!", $out);
$sw = socket_write ($socket,$tdisconnect,strlen($tdisconnect));
@socket_close ($socket);


if(!$out )
                    {
   echo("
   <wml>
<head>
<meta http-equiv=₩"Cache-Control₩" content=₩"max-age=no-cache₩" forua=₩"true₩"/>
</head>
<card id=₩"card1₩">
 <do type = ₩"accept₩" label=₩"메인화면₩">
  <go href= ₩"main.php?₩"/>
                    </do>
                     <p align=₩"center₩">
                     [ 블라인드 시스템 ]<br/>
                     </p>
                     <p align=₩"center₩">
                      수집된 데이타가 없습니다. <br/>
```

```
  </p>
</card>
</wml>
                    ");
 }

else
{

                  $blcount = 0 ;
                  while( $blcount < 1 )
                  {
         $blarray = explode("`",$outarray[$blcount+1]);
         $blvalue[$blcount] = $blarray[3] ;
         $blcount = $blcount + 1;
                  }

   echo("
      <wml>
   <head>
   <meta http-equiv=₩"Cache-Control₩" content=₩"max-age=no-cache₩" forua=₩"true₩"/>
   </head>
   <card id=₩"card1₩">
  <do type = ₩"accept₩" label=₩"메인화면₩">
  <go href= ₩"main.php₩"/>
  </do>
   <p align=₩"center₩">
  [ 블라인드 시스템 ]<br/>
  </p><br/>
  * 블라인드상태 : $blvalue[0]
  <p align=₩"left₩">
         <a href=₩"blind_get.php?cmd=up₩">블라인드 UP</a><br/>
         <a href=₩"blind_get.php?cmd=stop₩">블라인드 STOP</a><br/>
         <a href=₩"blind_get.php?cmd=down₩">블라인드 DOWN</a> <br/>
  </p>
   </card>
   </wml>
                   ");
}

 ?>
```

② C: \APM_Setup \htdocs \test2 폴더에 blind_set.php이름으로 저장한다.

③ Mobile Browser로 http://localhost/test2/blind_set.php 접속하여 화면을 확인한다.

2) 소스 해설-1

작성한 프로그램과 다른 결과가 주어진다면 소스파일을 기준으로 과정 6-2-1,2과 같이 각각의 명령함수에 대한 이해와 분석을 하도록 한다.

3) 소스 작성-2

① 아래와 같은 내용의 소스를 AcroEdit로 작성한다.

```
<?

/*********************************************************
 Ver1.1.wap 2006/10/10
 C) Copyright iBest Corp. 2006 - All Rights Reserved
 Create by Yang Yong Hee
 light get page
*********************************************************/

header("Content-type:text/vnd.wap.wml;charset=KS_C_5601-1987");
header("Pragma: no-cache");
header("Cache-Control: no-cache, must-revalidate");

$connection = "link`section_name=Blind" ;
$tconnect = $connection."\n" ;

 switch($cmd)
 {
                case "up" :
                  $svalue = 'UP';
                  $msg = "열기";
                break;
                case "stop" :
                  $svalue = 'STOP';
                  $msg = "중지";
                break;
                case "down" :
                  $svalue = 'DOWN';
                  $msg = "닫기";
                break;
 }
$cmdreq = "set`Blind`Blind1`REQ\n" ;
$setcommand = "set`Blind`Blind1`".$svalue."\n" ;
$tdisconnect = "end`0`0`0\n" ;

//소켓을 단지 서버에 연결하고 해당 SolyGate에 메시지를 보내고 Response를 받은다음 Socket
연결을 끊음
 $socket = socket_create (AF_INET, SOCK_STREAM, 0);
 $result = socket_connect ($socket, "211.219.154.143", "8165");
 $sw = socket_write ($socket,$tconnect,strlen($tconnect));
 sleep(1);
 $sw = socket_write ($socket,$setcommand,strlen($setcommand));
 sleep(1);
 $sw = socket_write ($socket,$cmdreq,strlen($cmdreq));
 sleep(1);
$out = socket_read($socket,1024,PHP_BINARY_READ) ;
$outarray = explode("!", $out);
$sw = socket_write ($socket,$tdisconnect,strlen($tdisconnect));
@socket_close ($socket);
```

```
  echo("
                                        <wml>
<head>
<meta http-equiv=₩"Cache-Control₩" content=₩"max-age=no-cache₩" forua=₩"true₩"/>
</head>
<card id=₩"card1₩">
<do type = ₩"accept₩" label=₩"메인화면₩">
<go href= ₩"main.php?₩"/>
</do>
 <p align=₩"center₩">
                  [ 블라인드 시스템 ]<br/>
                   </p>
  <p align=₩"center₩">
 블라인드에 $msg 데이터를 전송했습니다. <br/>
  </p>
</card>
</wml>
  ");

 ?>
```

② C: \APM_Setup \htdocs \test2 폴더에 blind_get.php이름으로 저장한다.

③ Mobile Browser로 http://localhost/test2/blind_get.php 접속하여 화면을 확인한다.

4) 소스 해설-2

작성한 프로그램과 다른 결과가 주어진다면 소스파일을 기준으로 과정 6-2-1,2과 같이 각각의 명령함수에 대한 이해와 분석을 하도록 한다.

6-2-5. 가스 Mobile Page 만들기

1) 소스 작성-1

① 아래와 같은 내용의 소스를 AcroEdit로 작성한다.

```
  <?

/**************************************************************
 Ver1.1.wap 2006/10/10
 C) Copyright iBest Corp. 2006 - All Rights Reserved
 Create by Yang Yong Hee
 gas set page
**************************************************************/

 header("Content-type:text/vnd.wap.wml;charset=KS_C_5601-1987");
 header("Pragma: no-cache");
 header("Cache-Control: no-cache, must-revalidate");

 $tconnect = "link`section_name=DIDO₩n" ;
 $tdisconnect = "end`0`0`0₩n" ;

 //소켓을 단지 서버에 연결하고 해당 SolyGate에 메시지를 보내고 Response를 받은다음 Socket 연결을 끊음
  $socket = socket_create (AF_INET, SOCK_STREAM, 0);
  $result = socket_connect ($socket, "211.219.154.143", "8165");
  $sw = socket_write ($socket,$tconnect,strlen($tconnect));
  sleep(2);

 $out = socket_read($socket,1024,PHP_BINARY_READ) ;
 $outarray = explode("!", $out);
 $sw = socket_write ($socket,$tdisconnect,strlen($tdisconnect));
 @socket_close ($socket);


if(! $out )
                    {
   echo("
                                        <wml>
<head>
<meta http-equiv=₩"Cache-Control₩" content=₩"max-age=no-cache₩" forua=₩"true₩"/>
</head>
<card id=₩"card1₩">
<do type = ₩"accept₩" label=₩"메인화면₩">
<go href= ₩"main.php?₩"/>
</do>
<p align=₩"center₩">
[ 가스 시스템 ]<br/>
</p>
<p align=₩"center₩">
수집된 데이타가 없습니다. <br/>
 </p>
</card>
</wml>
                                        ");
                    }
```

```
else
{
                $gascount = 0 ;
                while( $gascount < 5 )
                {
        $gasarray = explode("`",$outarray[$gascount+1]);
        $gasvalue[$gascount] = $gasarray[3] ;
        $gascount = $gascount + 1;
                }

 if($gasvalue[2] == "ON") { $gassensor = "알람" ; }
 else { $gassensor = "정상" ; }

 if($gasvalue[3] == "ON"){ $gasvalve = "닫힘" ; }
 else { $gasvalve = "열림" ; }

  echo("
                                    <wml>
<head>
<meta http-equiv=₩"Cache-Control₩" content=₩"max-age=no-cache₩" forua=₩"true₩"/>
 </head>
<card id=₩"card1₩">
<do type = ₩"accept₩" label=₩"메인화면₩">
<go href= ₩"main.php₩"/>
</do>
 <p align=₩"center₩">
[ 가스 시스템 ]<br/>
</p> <br/>
 * 가스센서상태 : $gassensor
 * 가스밸브상태 : $gasvalve
<p align=₩"left₩">
        <a href=₩"gas_get.php?cmd=open₩">가스밸브 열림 </a><br/>
        <a href=₩"gas_get.php?cmd=close₩">가스밸브 닫힘 </a><br/>
                                                            </p>
                                                              </card>
                                                              </wml>

                  ");
}

 ?>
```

② C: \APM_Setup \htdocs \test2 폴더에 gas_set.php이름으로 저장한다.

③ Mobile Browser로 http://localhost/test2/gas_set.php 접속하여 화면을 확인한다.

2) 소스 해설-1

작성한 프로그램과 다른 결과가 주어진다면 소스파일을 기준으로 과정 6-2-1,2과 같이 각각의 명령함수에 대한 이해와 분석을 하도록 한다.

3) 소스 작성-2

① 아래와 같은 내용의 소스를 AcroEdit로 작성한다.

```
<?

/*********************************************************
 Ver1.1.wap 2006/10/10
 C) Copyright iBest Corp. 2006 - All Rights Reserved
 Create by Yang Yong Hee
 light get page
*********************************************************/

 header("Content-type:text/vnd.wap.wml;charset=KS_C_5601-1987");
 header("Pragma: no-cache");
 header("Cache-Control: no-cache, must-revalidate");

 $connection = "link`section_name=DIDO" ;
 $tconnect = $connection."₩n" ;

  switch($cmd)
  {
                case "open" :
                  $svalue = 'ON';
                  $msg = "열기" ;
                break;
                case "close" :
                  $svalue = 'OFF';
                  $msg = "닫기" ;
                break;
  }
 $setcommand = "set`DIDO`DO1`".$svalue."₩n" ;
 $tdisconnect = "end`0`0`0₩n" ;

 //소켓을 단지 서버에 연결하고 해당 SolyGate에 메시지를 보내고 Response를 받은다음 Socket
연결을 끊음
  $socket = socket_create (AF_INET, SOCK_STREAM, 0);
  $result = socket_connect ($socket, "211.219.154.143", "8165");
  $sw = socket_write ($socket,$tconnect,strlen($tconnect));
  sleep(1);
  $sw = socket_write ($socket,$setcommand,strlen($setcommand));
  sleep(1);
 $out = socket_read($socket,1024,PHP_BINARY_READ) ;
 $outarray = explode("!", $out);
 $sw = socket_write ($socket,$tdisconnect,strlen($tdisconnect));
 @socket_close ($socket);

   echo("
                                   <wml>
<head>
<meta http-equiv=₩"Cache-Control₩" content=₩"max-age=no-cache₩" forua=₩"true₩"/>
</head>
<card id=₩"card1₩">
```

```
<do type = ₩"accept₩" label=₩"메인화면₩">
<go href= ₩"main.php?₩"/>
</do>
<p align=₩"center₩">
 [ 가스 시스템 ]<br/>
</p>
 <p align=₩"center₩">
가스 밸브에 $msg 데이터를 전송했습니다. <br/>
 </p>
                    </card>
                    </wml>
  ");

 ?>
```

② C: \APM_Setup \htdocs \test2 폴더에 gas_get.php이름으로 저장한다.

③ Mobile Browser로 http://localhost/test2/gas_get.php 접속하여 화면을 확인한다.

4) 소스 해설-2

작성한 프로그램과 다른 결과가 주어진다면 소스파일을 기준으로 과정 6-2-1.2과 같이 각각의 명령함수에 대한 이해와 분석을 하도록 한다.

6-2-6. 내장 DI/DO Mobile Page 만들기

1) 소스 작성-1

① 아래와 같은 내용의 소스를 AcroEdit로 작성한다.

```
<?

/*********************************************************
 Ver1.1.wap 2006/10/10
 C) Copyright iBest Corp. 2006 - All Rights Reserved
 Create by Yang Yong Hee
 indido set page
*********************************************************/

 header("Content-type:text/vnd.wap.wml;charset=KS_C_5601-1987");
 header("Pragma: no-cache");
 header("Cache-Control: no-cache, must-revalidate");

 $connection = "link`section_name=DIDO" ;

 $tconnect = $connection."₩n" ;
 $tdisconnect = "end`0`0`0₩n" ;

 //소켓을 단지 서버에 연결하고 해당 SolyGate에 메시지를 보내고 Response를 받은다음 Socket
연결을 끊음
  $socket = socket_create (AF_INET, SOCK_STREAM, 0);
  $result = socket_connect ($socket, "211.219.154.143", "8165");
  $sw = socket_write ($socket,$tconnect,strlen($tconnect));
  sleep(3);

 $out = socket_read($socket,1024,PHP_BINARY_READ) ;
 $outarray = explode("!", $out);
 $sw = socket_write ($socket,$tdisconnect,strlen($tdisconnect));
 @socket_close ($socket);


//Response가 4개 모두 오지 않았을 경우
if(! $out )
                    {
   echo("
                                        <wml>
<head>
<meta http-equiv=₩"Cache-Control₩" content=₩"max-age=no-cache₩" forua=₩"true₩"/>
</head>
<card id=₩"card1₩">
                    <do type = ₩"accept₩" label=₩"메인화면₩">
                    <go href= ₩"main.php?₩"/>
</do>
                    <p align=₩"center₩">
                    [ 내장 DIDO Sample ]<br/>
                    </p>
                     <p align=₩"center₩">
                    수집된 데미타가 없습니다. <br/>
                     </p>
```

```
</card>

</wml>
                                        ");
                }

else
{

                $di = 0 ;
                while( $di < 5 )
                {
        $diarray = explode("`",$outarray[$di+1]);
        $divalue[$di] = $diarray[3] ;
        $di = $di + 1;
                }

      $do = 0 ;
      while( $do < 3 )
      {
         $doarray = explode("`",$outarray[$do+6]);
         $dovalue[$do] = $doarray[3] ;
         $do = $do + 1;

      }


   echo("
                                             <wml>
<head>
<meta http-equiv=₩"Cache-Control₩" content=₩"max-age=no-cache₩" forua=₩"true₩"/>
</head>
<card id=₩"card1₩">
                                        <do type = ₩"accept₩" label=₩"메인화면₩">
                                        <go href= ₩"main.php₩"/>
                </do>
                                        <p align=₩"center₩">
                                         [ 내장 DIDO ]<br/>
                                         </p>
                                        <p align=₩"left₩">
                                        * DIO : 상태(제어) <br/>
      ");

     $docount = 0 ;
     while( $docount < 3 )
     {
                   $docount2 = $docount + 1 ;

                   if($dovalue[$docount] == "ON"){
                     $cmd = "OFF" ;

 }else{
```

```
                    $cmd = "ON" ;
                }
        echo("
         <a href=\"indido_get.php?skey=$docount2&amp;cmd=$cmd\">
          D/O $docount2 :  $dovalue[$docount]($cmd)</a> <br/>
        ");
        $docount = $docount + 1 ;
    }

    $dicount = 0 ;
    while( $dicount < 5 )
    {
                $dicount2 = $dicount + 1 ;
        echo("
             * D/I $dicount2 :  $divalue[$dicount]<br/>
        ");
         $dicount = $dicount + 1 ;
    }
    echo("

</p>
</card>
</wml>

                ");

}

 ?>
```

② C: \APM_Setup \htdocs \test2 폴더에 light_set.php이름으로 저장한다.

③ Mobile Browser로 http://localhost/test2/light_set.php 접속하여 화면을 확인한다.

2) 소스 해설-1

작성한 프로그램과 다른 결과가 주어진다면 소스파일을 기준으로 과정 6-2-1,2과 같이 각각의 명령함수에 대한 이해와 분석을 하도록 한다.

3) 소스 작성-2

① 아래와 같은 내용의 소스를 AcroEdit로 작성한다.

```
<?

/*******************************************************
 Ver1.1.wap 2006/10/10
 C) Copyright iBest Corp. 2006 - All Rights Reserved
 Create by Yang Yong Hee
 indido get page
*******************************************************/

 header("Content-type:text/vnd.wap.wml;charset=KS_C_5601-1987");
 header("Pragma: no-cache");
 header("Cache-Control: no-cache, must-revalidate");

 $connection = "link`section_name=DIDO"  ;
 $tconnect = $connection."₩n" ;

  switch($skey)
  {
                case "1" : $sname = 'DO1';
                break;
                case "2" : $sname = 'DO2';
                break;
                case "3" : $sname = 'DO3';
                break;
  }

  if($cmd =="ON"){
    $svalue = "ON";
    $msg = "ON" ;
   }else{
    $svalue = "OFF";
    $msg = "OFF" ;
  }

 $setcommand = "set`DIDO`".$sname."`".$svalue."₩n" ;
 $tdisconnect = "end`0`0`0₩n" ;

 //소켓을 단지 서버에 연결하고 해당 SolyGate에 메시지를 보내고 Response를 받은다음 Socket
연결을 끊음
  $socket = socket_create (AF_INET, SOCK_STREAM, 0);
  $result = socket_connect ($socket, "211.219.154.143", "8165");
  $sw = socket_write ($socket,$tconnect,strlen($tconnect));
  sleep(2);
  $sw = socket_write ($socket,$setcommand,strlen($setcommand));

 $out = socket_read($socket,1024,PHP_BINARY_READ) ;
 $outarray = explode("!", $out);
 $sw = socket_write ($socket,$tdisconnect,strlen($tdisconnect));
 @socket_close ($socket);
```

```
  echo("
                                   <wml>
<head>
<meta http-equiv=₩"Cache-Control₩" content=₩"max-age=no-cache₩" forua=₩"true₩"/>
</head>
<card id=₩"card1₩">
<do type = ₩"accept₩" label=₩"메인화면₩">
<go href= ₩"main.php?₩"/>
</do>
<p align=₩"center₩">
[ 내장 DIDO ]<br/>
</p>
 <p align=₩"center₩">
  $sname포인트에 $msg 데이터를 전송했습니다. <br/>
 </p>
</card>
</wml>
  ");

 ?>
```

② C: \APM_Setup \htdocs \test2 폴더에 indido_get.php이름으로 저장한다.

③ Mobile Browser로 http://localhost/test2/indido_get.php 접속하여 화면을 확인한다.

4) 소스 해설-2

작성한 프로그램과 다른 결과가 주어진다면 소스파일을 기준으로 과정 6-2-1,2과 같이 각각의 명령함수에 대한 이해와 분석을 하도록 한다.

부록 TCP/IP 프로토콜

1. 기본 TCP/IP 소켓 접속 정보

- 접속 IP 정보 : 접속할 홈 서버 IP 정보
- 접속 Port 정보 : 8165

2. 초기 Connection & Link 메시지 사용방법

- 소켓 Client에서 홈 서버 IP의 8165번 포트로 소켓을 연결한다.
- 특정 디바이스 또는 모든 디바이스의 연결하기 위해 Link 메시지를 보낸다.
  ➡ 모든 디바이스에 연결하기 위한 메시지 : "link`section_group=*\n"
  ➡ 특정 디바이스에 연결하기 위한 메시지 : "link`section_name="+ Section Name +"\n"
- 해당 디바이스로부터 현재 상태 정보를 받는다.
  ➡ 전달받는 메시지 포맷 : "get" + "`" + Section Name + "`" + Key + "`" + Value + "!"
- Link 성공 메시지를 받는다.
  ➡ 전달받는 메시지 : "get`link`end`1!"
- 사용자 요구사항에 따라 디바이스를 제어 & 모니터링 메시지를 주고 받는다.

(참조 1) Link 메시지는 소켓 Client가 해당 디바이스의 모니터링 & 제어 또는 가상의 Section 서비스 사용 시작의 의미로 사용됨.

(참조 2) 특정 디바이스에 연결하기 위한 Link 메시지를 보내고 나면 해당 디바이스만 제어 & 모니터링이 가능하고 모든 디바이스에 연결하기 위한 메시지를 보내고 나면 모든 디바이스 이외 가상 Section에 있는 디바이스 정보들까지 제어 & 모니터링이 가능하다.

3. 디바이스 컨트롤 & 모니터링 사용방법

- Link 메시지 전송 성공 메시지를 전달 받은 후 사용이 가능함.
- 특정 디바이스나 서비스의 사용을 요청함.
  ➡ 전달하는 메시지 포맷 : "set" + "`" + Section Name + "`" + Key + "`" + Value + "\n"
- 특정 디바이스나 서비스에서 발생한 이벤트를 전달받음.
  ➡ 전달받는 메시지 포맷 : "get" + "`" + Section Name + "`" + Key + "`" + Value + "!"

4. 접속 종료 메시지

- 소켓 Client 접속을 종료 함.
  ➡ 접속 종료 메시지 포맷 : "end'0'0'0 \n"

5. 내장 DIDO 프로토콜 정보

Section Name	Key	Value	Etc
DIDO(내장)	DI1	ON / OFF	1. Data 패킷 Sample => set'DIDO'DO1'ON => set'DIDO'DO1'OFF => get'DIDO'DO1'ON => get'DIDO'DO1'OFF 2. 내장 DIDO 중 DI3, DI4, DO1번은 가스 시스템과 연동하여 사용됨.
	DI2	ON / OFF	
	DI3	ON / OFF	
	DI4 (가스밸브용)	ON(CLOSE) / OFF(OPEN)	
	DI5 (가스센서용)	ON(감지) / OFF	
	DO1 (가스밸브용)	ON(OPEN) / OFF(CLOSE)	
	DO2	ON / OFF	
	DO3	ON / OFF	

6. 외장 DIDO 프로토콜 정보(Option)

Section Name	Key	Value	Etc
APL02 (외장 DIDO Module)	DI1	ON / OFF	1. Data 패킷 Sample => set'APL02'DO1'ON => set'APL02'DO1'OFF => get'APL02'DO1'ON => get'APL02'DO1'OFF => get'APL02'DI1'ON => get'APL02'DI1'OFF
	DI2	ON / OFF	
	DI3	ON / OFF	
	DI4	ON / OFF	
	DO1	ON / OFF	
	DO2	ON / OFF	
	DO3	ON / OFF	
	DO4	ON / OFF	

7. 환경센서 프로토콜 정보

Section Name	Key	Value	Etc
E-Sensor	TEMP	Data1,Data2	1. Data 패킷 Sample => get'E-Sensor'TEMP'30,22 (현재온도 30.22도) 2. REQ의 경우 센서 값을 요청할 때 사용. => set'E-Sensor'REQ'TEMP (현대 온도 값을 요청할 때)
	HUMI	Data1,Data2	
	TVOC	Data1,Data2	
	CO2	Data1,Data2	
	DUST	Data1,Data2	
	REQ	Key Name	

8. 가스 프로토콜 정보

Section Name	Key	Value	Etc
DIDO (내장)	DI3 (가스센서용)	ON(감지) / OFF	1. 가스 시스템은 내장 DIDO 중 DI3, DI4, DO1번을 사용함.
	DI4 (가스밸브용)	ON(CLOSE) / OFF(OPEN)	
	DO1 (가스밸브용)	ON(OPEN) / OFF(CLOSE)	

9. 블라인드 프로토콜 정보

Section Name	Key	Value	Etc
Blind	UP	ON	1.REQ의 경우 블라인드 상태 값을 요청할 때 => set'Blind'REQ'ON (현대 온도 값을 요청할 때)
	DOWN	ON	
	STOP	ON	
	REQ	ON	

10. 조명 프로토콜 정보

Section Name	Key	Value	Etc
DLight	SW01	0 ~ 10	1. Data 패킷 Sample => set'DLight'SW01'0 => get'DLight'SW01'0
	SW02	0 ~ 10	
	SW03	0 ~ 10	

11. 난방 프로토콜 정보

Section Name	Key	Value	Etc
VM01	Room1	별첨	별첨 자료 참조
	Room2	별첨	
	Room3	별첨	
	REQ	ON (전체상태요청)	

12. 난방 프로토콜 데이타

Room1 ~ 3	[Value] = [난방모드, 외출모드, 실내현재온도, 실내설정온도, 바닥현재온도, 바닥설정온도, 전원상태, 잠금상태, 밸브상태, 반복타이머, 단기외출온도, 정기외출시간, 정기외출분, 정기귀가시간, 정기귀가분, 장기외출온도, 장기외출일, 장기외출시간, 장기외출분]	1. Data 패킷 Sample =>set'VM01'Room1'2,0,30,18,-9,30,3,10,0,0,0,0,1,18,4,7,0,9,0,4,6,0
난방모드	0 : 난방모드 꺼짐 1 : 실온제어 2 : 바닥온도 제어 3 : 바닥온도 제한 제어 4 : 실온 제안 제어 5 : 2존 제어	
외출모드	0 : 외출모드 꺼짐 1 : 단기외출 2 : 정기외출 3 : 장기외출 4 : 반복 타이머	
실내 현재온도	0 ~ 99도 : 1도 단위	
실내 설정온도	1 ~ 40도 : 1도 단위	
바닥 현재온도	0 ~ 99도 : 1도 단위(0x58('X') : 바닥센서 없음)	
바닥 설정온도	0 ~ 60도 : 1도 단위	
실내제한 설정온도	0 ~ 40도 : 1도 단위	
바닥제한 설정온도	0 ~ 60도 : 1도 단위	
전체 Power Off	1: all Power OFF, 0: all Power ON	
전체외출	1: 전체외출 설정, 0: 전체외출 해제	
개별 Power Off	1: Power OFF, 0: Power ON	
잠금상태	1: 잠금상태 0: 잠금해제	
밸브상태	1: 열림, 0: 잠김	

외출설정 온도	1 ~ 40 : 1도 단위	
반복 타이머	1 ~ 6 : 10분 ~ 60분	
정기외출 시간	0 ~ 23 : hour	
정기외출 분	0 ~ 59 : minute	
정기귀가 시간	0 ~ 23 : hour	
정기귀가 분	0 ~ 59 : minute	
장기외출 일	1 ~ 99 : day	
장기외출 시간	0 ~ 23 : hour	
장기외출 분	0 ~ 59 : minute	

홈 네트워크 시스템 실습

2007년 9월 1일 1판 1쇄 인 쇄
2007년 9월 5일 1판 1쇄 발 행

지은이 / 신경철 · 박태열 · 김민정
펴낸이 / 박 정 태

펴낸곳 / **광 문 각**

121-130
서울시 마포구 구수동 42-2 영풍빌딩 2층
등 록 / 1991. 5. 31 제12-484호
전화(代) / 02) 713-2122
팩 스 / 02) 713-2125
E-mail / kwangmk@unitel.co.kr
홈페이지 / www.kwangmoonkag.co.kr

• ISBN : 978-89-7093-438-9

값 15,000 원